走心时代国学丛书

当量子理论遇上

阳明心学

陈永 著

U0388228

中山大学
SUN YAT-SEN UNIVERSITY
SUN YAT-SEN UNIVERSITY PRESS
出版社
·广州·

图书在版编目（CIP）数据

当量子理论遇上阳明心学/陈永著. —广州：中山大学出版社，2017.1
（走心时代国学丛书）
ISBN 978 - 7 - 306 - 05917 - 8

Ⅰ. ①当…　Ⅱ. ①陈…　Ⅲ. ①量子论 ②王守仁（1472—1528）—心学—研究　Ⅳ. ①O413 ②B248.25

中国版本图书馆 CIP 数据核字（2016）第 289825 号

出 版 人：徐　劲
策划编辑：钟永源
责任编辑：钟永源
封面设计：曾　斌
责任校对：杨文泉
责任技编：何雅涛
出版发行：中山大学出版社
电　　话：编辑部 020 - 84111996，84113349，84111997，84110779
　　　　　发行部 020 - 84111998，84111981，84111160
地　　址：广州市新港西路 135 号
邮　　编：510275　　　　传　真：020 - 84036565
网　　址：http://www.zsup.com.cn　　E-mail：zdcbs@ mail. sysu. edu. cn
印 刷 者：佛山市浩文彩色印刷有限公司
规　　格：787mm×1092mm　1/16　13.75 印张　272 千字
版次印次：2017 年 1 月第 1 版　2017 年 9 月第 2 次印刷
定　　价：39.80 元

出版导读

　　说"心学"，要数王阳明，他以"心学"而在中国哲学和文化史上独树一帜，他的哲学主体是"心本体论"。也就是说，你所见、所闻、所感、所想，你脑子里的全部，就构成了你的全部世界，除此以外，对你来说，不存在另外一个什么世界；或者是说，另外一个所谓的客观世界对你来说不存在任何意义。

　　2011年5月，习近平视察贵州时，在贵州大学中国文化书院讲话时也谈及王阳明。他说他很景仰龙场悟道的王阳明先生，贵州的文化传人对王阳明先生的学习，更应该有深刻的心得，我们的古代优秀文化值得自豪，要把文化变成一种内生的源泉动力，作为我们的营养，像古代圣贤那样格物穷理、知行合一、经世致用。

　　2014年全国"两会"期间，习近平参加贵州代表团讨论时说到，体现一个国家综合实力最核心的、最高层的，还是文化软实力，这事关一个民族精气神的凝聚，我们要坚持道路自信、理论自信、制度自信，最根本的还有一个文化自信，只要把我们的优秀文化传承好，核心价值观建设好，就一定能把我们的国家建设成为社会主义强国。王阳明曾在贵州参学悟道，贵州在弘扬传统文化方面有独特优势，希望继续深入探索、深入挖掘，创造出新的经验。

　　王阳明"心学"不是简单地强调人的意识的作用，不是单就精神的方面强调人对周围事物的关系，而是强调人与客观事物、精神与物质的相互关系及作用，强调精神对物质、精神现象转化为物质变化的完整的过程和统一，是从精神到物质、主观到客观、主观和客观相统一运动的完整体系。

他的"心学"体系就在"无善无恶心之体、有善有恶意之动、知善知恶是良知、为善去恶是格物"这"四句教"中得以体现。

无善无恶心之体

善与恶本来是一对道德范畴，在没有认识之前，是无法界定善恶的，这句话的意思也就是说，心作为一客观存在的主体，本来无善恶可言，是一本来空灵清净之物，就心体本来而言，是没有善恶的。还有一层意思，就是说心一定要保持本真，不能有善恶之偏，如果有善恶之偏，心体就会失去本色，丧失了它的本来面目。

有善有恶意之动

意是指意念，意念就是心动。善恶是与人的意念同时出现的。一是说心本无善恶，善恶是由于心动产生的，人只要有意念心就动，心动就不可能是中性的，心动产生意念，意念不是向善就是向恶。二是指人的心中一旦有"善"或"恶"，心就不再平静了，就会有"动"。这是因为"善"和"恶"都是有"意"的，心一有"意"，就有所指，就将产生欲望。所以，人只要心动，只要一有意欲，就必然相伴而出现善或恶。意动是知也是行。从这里也可引申出，只要有知有行就必然会出现善恶，非善即恶，非恶即善。

知善知恶是良知

当善恶已经存在的时候，分清善恶就非常重要。如果能分清孰善孰恶，这就是良知；如果不分孰善孰恶，就是没有良知，这里提出两个概念，一是知，就是要有判断力，能分出有善有恶，何善何恶，而不能善恶不分。二是良知，这是一个判断的标准问题。良知的观念原出于《孟子》，孟子说："人之所不学而能者，其良能也。所不虑而知者，其良知也。孩提之童无不爱其亲者，及其长也，无不知敬其兄也。"只有把善作善，把恶当恶，才叫良知。如果只"知"，而没有"良知"，虽然能分清善恶之别，但有可能会把"善"当"恶"，或者把"恶"当"善"。只有良知，才能以"善"为善，以"恶"为恶。

如果说"有善有恶意之动"是纯粹理性的话，"知善知恶是良知"不但强调纯粹理性，而且还强调实践理性，也就是具有道德的含义。因此，"知"只是客观的、纯粹的认识问题，而"良知"就有了道德的、社会的含义，有了价值取向的问题。王阳明继承了孟子的思想，他说："心自然会知，见父自然知孝，见兄自然知悌，见孺子入井自然知恻隐，此便是良知，不假外求。"

良知作为先天原则，不仅表现为"知是知非"或"知善知恶"，还表现为"好善好恶"，既是道德理性原则，又是道德情感原则，良知不仅指示我们何者为是何者为非，而且使我们"好"所是而"恶"所非，它是道德意识与道德情感的统一。一个人的价值观受他的环境影响，因此，良知不是天生的，这就提出了"致良知"的问题。

为善去恶是格物

格物在这里的涵义非常丰富，指人类的各个方面的活动。如果概括地说，就是改造客观世界，就是人生实践的目的。为善去恶就是人类改造客观世界的目的和标准。阳明先生在这里用了格物这样一个内涵抽象模糊而内容非常丰富的词，给后人留下了想象空间。可以说，"格物"二字可涵盖人类的一切行为，人类对自己、对他人、对社会的一切活动都可以"为善去恶"为标准。

从"知善知恶是良知"到"为善去恶是格物"，通过"致良知"达到"知行合一"的境界。"致良知"和"知行合一"是阳明思想的精粹和核心，这是认识和实践的统一。

阳明的"四句教"，从逻辑上是一个从认识到实践的过程。从"心"到"物"，从"无"到"有"，从"知"到"行"，从主观到客观，再到"知行合一"，达到物我同体的境界。尤其需要指出的是，"知行合一"的过程，并不是自发就能实现，而是需要一个"致"的"工夫"。程颢说："涵养须用敬，为学则在致知，""致"的过程，既是一个认知的过程，也是一个磨练修习的过程，因此需要下艰苦的"工夫"。"工夫"在阳明心学中是一个十分重要的范畴，是一个不可或缺的环节和过程，没有"工夫"的过程，就无法从"知"到"良知"，从"良知"到"知行合一"。

把在实践中磨练和静思中体悟作为"学问"的范畴，这是阳明为学治学的一个特点，也为中国学术开辟了一个新的境界。这种思维方式和哲学理念对三百年后王夫之的"经世致用"、"在事中磨练"的治学思想的提出有很大的启迪作用，从而使中国传统学术走出了宋明理学空谈道论的窘境。

作者陈永，清华大学研究生毕业。他对古圣先贤留给我们每一位炎黄子孙的瑰宝情有独钟，在工作实践中对阳明"心学"有所感悟，有独到的见解。走心时代国学丛书——《当量子理论遇上阳明心学》《传习录素解》是陈永先生十年磨一剑的处女作，两本书共有80多万字，述说了王阳明"心学"的哲学思想核心要领，体现了阳明思想的终极关怀和基本宗旨。他——手中拿到了打开传统文化宝库的金钥匙。

如，对《当量子理论遇上阳明心学》而言，陈永先生把自然科学与阳明"心学"联系起来，融为一体，敢想、敢干，创造性地提出破解大统一理论需要有两个条件：第一是得道的人，如同阳明先生那样，只有得道了，才能在更高的层面去格物，去看清楚量子理论和相对论其实并无矛盾；第二是精通物理学的人，用阳明的"心本体论"去诠释量子纠缠、标准粒子模型等难题。这种敢于创新的有益尝试，他不仅仅是抛砖引玉，更是用"心学"去研究量子力学这一新颖的题材，弥补了中国传统哲学只研究客观世界而忽视人们的主观能动作用这一空白。这一创举，把阳明"心学"与自然科学有机地结合，它必将对后世东西方人文思想的变革与发展产生巨大的影响。

我们特意撰写"出版导读"，从舆论导向牢记习近平总书记提出的坚持道路自信、理论自信、制度自信，最根本的还有一个文化自信。牢记"勿忘昨天的苦难辉煌，无愧今天的使命担当，不负明天的伟大梦想"，习总书记的谆谆教导，我们铭记在心里，为早日复兴中华，实现"中国梦"的伟大理想而努力奋斗。

中山大学出版社

2016 年 12 月 13 日

目录

当量子理论遇上阳明心学

5

当量子理论遇上阳明心学

序　言

　　要实现中华文明伟大复兴的中国梦，首要是复兴优秀传统文化。曾经有许多诺贝尔奖获得者说过，人类要在21世纪生存下去，就必须要回到2500年前去汲取孔子的智慧。本书就是汲取孔子智慧之作。王阳明先生可以说是孔子真正的弟子。阳明心学传承了孔门的心法。

　　一开始本来想以阳明心学贯穿始终，但是发现战国名家公孙龙的学说与阳明心学相得益彰，可以更好地发明孔子的智慧。公孙龙也是孔子的弟子，传承了孔子的心法。可以说阳明心学和公孙龙的学问有异曲同工之妙，也是相通的。

　　当阳明先生36岁在贵州龙场得道，相隔千年一下子继承了孔子的心法，成为孔子的弟子；公孙龙虽然是名家代表人物，但是师从孔子，也深得孔子心法。其实孔子、王阳明、公孙龙也都是传承儒门真正的心法。本书尝试采用孔门心法，也就是阳明心学来破解当今物理学的难题。

　　有科学家曾经说过，没有人真正懂得量子力学；这个世界上只有三个半人懂得相对论。如此看来量子力学比相对论是不是更加难懂呢？我们还是争取做那个懂得一半的人吧。

　　著名物理学家霍金曾经说过："如果我们确实发现了一套完整的理论，它应该在一般的原理上及时让所有人（而不仅仅是少数科学家）所理解。那时，我们所有人，包括哲学家、科学家以及普普通通的人，都能参加为何我们和宇宙存在的问题的讨论。如果我们对此找到了答案，则将是人类理智的最终极的胜利——因为那时我们知道了上帝的精神。"科学家和哲学家都在往真理的顶峰去爬，最终大家都会在那里会合的。爱因斯坦终其一生都在寻找大统一理论，也就是寻找霍金所说的东西。从某种意义上来说，也许此书能够对霍金先生所说的理论有所启发。可以说是抛砖引玉吧，让更多的人沿着这条路去寻找真理。不当之处，敬请批评指正。

　　哈佛大学教授杜维明断言：21世纪是王阳明的世纪。我们现在已经身处

21 世纪的初期，传统文化如同雨后春笋一样在古老的中国大地上复兴了。也许以后的历史会如此记载，这次文化复兴是比西方文艺复兴影响更加深远的复兴。我们在讲历史的同时，也在创造着历史。当西方最顶尖的量子理论遇见东方的孔门心法、阳明心学的时候，也许会绽放出史上最美丽的花朵。王阳明先生曾格竹子，此书用阳明心学格量子，格物理学。请孔子及其弟子们为我们指点迷津吧，也许能够引领当今科学界走出迷雾。

第一章　量子纠缠与心学

哈佛大学杜维明教授曾经说过：21 世纪是王阳明的世纪。要实现中华文明伟大复兴的中国梦，首要是要复兴传统文化，而王阳明为传统文化的集大成者，其影响极其深远。关于意识本质的研究是当今科学界的前沿，而心学正是打开这个大门的金钥匙。本章通过心学科学地解释量子纠缠之谜。

心学可以指导人们格物致知，穷万物之理，也就是说可以指导物理。越来越多的人感觉到，东方智慧将引领人类走出迷雾。量子纠缠作为物理学的世纪之谜，请王阳明先生为我们指点迷津吧。

1. 从山中之花说起

在王阳明先生的《传习录》中记载了一个关于花的千古公案。先生游南镇，也就是现在的浙江绍兴县会稽山。有一位友人指着岩石中开花的树问道："先生你说天下无心外之物。这里有一棵树，在深山之中开花，此花自开自落，跟我的心又有什么关系呢？"

先生回答道："你没有看此花的时候，此花和你的心同归于寂静。你来看此花的时候，则此花的颜色一时间就明白起来了。这样就知道此花不在你的心外的。"王阳明先生如此说，用眼睛去看花怎么那么像对量子的测量呀。用科学的语言来说，看这朵花的时候，颜色马上鲜明起来，就是类似于量子的坍缩概念。

阳明先生说的这句话虽然很简短，但是已经把问题说清楚了。近期科学家发现了 1.25 亿年以前，也是迄今为止最早的花，称之为迪拉丽花。这朵漂亮的花在地球上面寂寞的开放，那时候还没有我们人类去欣赏美丽的花朵。我们知道颜色是由于光波不同的波长在眼睛中的反应。如果没有人的眼睛去接受光波，就没有光明，没有黑暗，没有颜色，光波只是寂寞地在宇宙间穿梭。眼睛接收到光波就是光明，没有接收到就是黑暗。所以世界上本来是没有光明和黑暗这两样东西的，我们被自己的大脑蒙蔽了。同样地，花的颜色，这个也是被我们的大脑蒙蔽了。这也不能怪我们的大脑，由于长年累月看到如此，都司空见惯了。太阳光照射在花上，反射回来的光波，如果是红色波长的光，此花就显示是红色；如果是紫色波长的光，此花就是紫色。如果不看这朵花，可以说是非红非紫的，不看这朵花而说这朵花是什么颜色，这个是没有任何意义的。说完了这些，我们来看看阳明先生说的是不是真理。

阳明先生说，你如果没有看这朵花的时候，这朵花和你的心是同样归于寂静的。如果没有看这朵花，这朵花有没有颜色呢？如果你不用眼睛看，眼睛不接受到光波，此花是没有颜色的。此花是非红非紫的，甚至连这朵花的名字如莲花也是人们给起的，莲花这个字也是人们脑海里的。哈佛大学有个神经解剖学博士吉尔·泰勒中风之后，左脑暂停工作，只有右脑工作。这样她看到的事物都没有长短大小形状的概念了，她看到自己身体也没有什么边界了，似乎天地万物是一体的。事物的形状大小尺寸，也是由于光影的作用反应在眼睛里罢了，也是需要观察才有的，也就是心和外界共同作用的结果。如果不看这朵花，这些形状大小尺寸概念也都是虚无的。前面我们已经讨论过，离开了观察，离开了测量，就没有绝对的速度、尺寸存在，没有绝对的空间概念存在。这些概念都是相对于我们大脑而言的，被大脑所蒙蔽了。如此看来的确是如阳明先生所说的。

苏轼有一首诗："若言琴上有琴声，放在匣中何不鸣？若言声在指头上，何不于君上听？"这首诗的意境是不是跟这个花有些类似呢？手指类似于心，而琴类似于外物的实相，而琴声为外物。可以说也许我们永远无法知晓外物的实相，只能是知晓我们心对外物的认识。手指类似于测量仪器，而琴类似于被测量的量子实相，琴声就是我们所描绘的量子，量子实相是如何的我们也许永远都无法去知晓。因为我们描绘的量子是我们眼中的量子，而不是真正的量子本身，理论计算也是要和我们的测量实验一致的，所以说理论计算也是描述了我们眼中的量子而不是量子本身。这也就是为什么哥本哈根学派的波尔说，言必称测量。

优美的琴声是无中生有的，五颜六色的花朵也是头脑中的影像罢了，就像庄子中风吹大树的孔窍，发出万种声响一样。这万种声响就对应着量子世界的万种量子。但是又不能完全说无，那朵花只能说是一物，而没有颜色，没有尺寸概念，连花的名字都没有，这就是花的实相。花的实相是不美不丑的。我们所看的花也如同镜中花，水中月一样。量子的实相如同花的实相一样，也是如此的。

阳明先生还说道，你来看此花的时候，则此花的颜色一时间就明白起来了。这样就知道此花不在你的心外的。请注意了，这里容易误解王阳明先生为纯唯心了，阳明先生实际上是说，花不能独立于心而存在，不能独立于观察而存在。也就是说，我们眼中的花，是由心和花的实相共同作用的结果。如果阳明心学这么错误，也不会被这么多名人所胜赞了。如果不看此花，并不是绝对不存在一物的，此物还是存在的。只是无颜色、无尺寸、无名字，似乎与天地万物为一体。花是如此，量子也无不是如此，天地万物无不是如此的。

波尔曾经说过："言必谈测量。"如果离开测量来谈量子力学，谈量子纠缠，这是没有什么意义的。爱因斯坦的相对论，光速不变这个也是针对不同的观测者，不同的参照系，不同的测量来说是不变的。离开了观测者，没有一个绝对确定的速度存在。离开了测量，也无绝对的长度存在，所以有个尺缩效应。离开了测量，离开了观测，也无绝对的时间存在，所以接近光速飞行的飞船时钟会变慢。离开了测量，离开了观测，也不存在着绝对的空间概念，也不存在绝对的质量，质量会随着速度变化而变化。离开了测量，也无速度的概念存在，更别提超光速了。

2. 什么是纠缠

"纠缠"一词可能最早出自我国战国时期的黄老之学著作《鹖冠子》："祸乎福之所倚，福乎祸之所伏，祸与福如纠缠，混沌错纷，其状若一，交解形状，孰知其则？"下面简单解释一下这句话。祸福是互相依伏的，福祸是如此纠缠的，福祸互为阴阳。看似混沌错纷复杂的，虽然看似一分为二，可是又像是一体不可分的，又像是纠缠在一起的，互相纠缠在一起的形状，似乎分不开，又有谁能知道此中的奥妙呢？

不仅仅是福祸会互相纠缠的。如果没有美，就没有丑；如果没有大，就没有小；如果没有重，就没有轻；如果没有河堤，河流也就不复存在；如果没有轨道的约束，地球也就不能称之为地球，也就飞离了太阳系了，不能孕育生命了；如果没有原子核的约束，电子也就飞离了；如果没有福，就没有祸了；如果没有恩，就没有怨了；如果没有左，就没有右了。

为什么药放在舌头上就是苦的，而药吞到了喉咙那里却不是苦的呢？别小看这个小问题，里面蕴含着深刻的哲理。舌头就如同是我们的测量工具，而药就是外物来的，如果没有苦就没有甜。喉咙根本无法品尝到甜的滋味。苦和甜互为阴阳，也是纠缠在一起的。阳明先生讲知行合一。知行互为阴阳，测量为行，坍缩为知，知晓量子状态。我们讲电子左旋，如果不测量就不存在左旋或右旋。如果不看花，花是花颜色的。

3. 新思想的期待

不管是爱因斯坦，还是霍金，在他们的专著中都表达了对新思想的期待。

霍金在《大设计》中感叹，哲学已死，无法给现代物理学指引。也许这个引领当代物理学走出迷雾，促进物理学革命的新思想来自于东方，来自于王阳明先生的心学。

霍金在《时间简史》的结论中说道："如果我们确实发现了一个完备的理论，在主要的原理方面，它应该及时让所有人理解，而不仅仅让几个科学家理解。那时我们所有人，包括哲学家、科学家以及普普通通的人，都能参与讨论我们和宇宙为什么存在的问题。如果我们对此找到了答案，则将是人类理性的终极胜利：因为那时我们知道了上帝的精神。"

量子纠缠将引发物理学的革命。正如牛津大学的物理学家彭罗斯爵士所言，我们的时空观念都将经历一次比相对论和量子力学更为深远的革命。

4. 阿斯派克特实验分析

为了验证量子纠缠理论，阿斯派克特精心设计了以下的实验。在实验室中的量子纠缠态，大多数是用光来实现的。类似于电子的自旋，光可以有不同的偏振方向，也就是极化的概念。阿斯派克特用激光来激发钙原子，引起级联辐射，产生一对往相反方向圆偏振的纠缠光子。

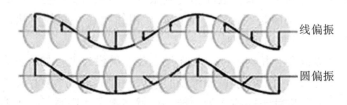

线偏振

圆偏振

图 1 圆偏振光示意

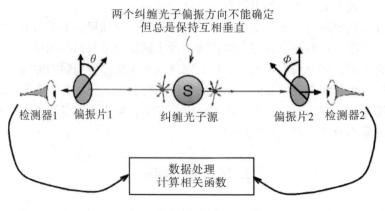

图 2 阿斯派可特实验示意

两个检偏镜（偏振片1和偏振片2）距离纠缠源分别为6.5米左右。因此，当两个光子快到检偏镜的那一刻，它们之间的距离大约是13米。最快的信息传递速度是光速，光也需要40ns（ns是纳秒=10万万分之一秒）的时间来走完13米的路程。因此，阿斯派克特发明出了一种基于声光效应的设备，能使得检偏镜在每10ns的时间内旋转一次。这样，两个纠缠光子就不可能有足够的时间来互相通知对方了。换言之，它们来不及互相了解情况并告知对方：我碰到的检偏镜是某某方向的，因此，你也做好准备将偏振调节到某某方向，它们即使想作弊也来不及了。实验中发现，量子对确实似乎会瞬间通知对方。人们感觉到疑惑了，以为是见鬼了，这个就是被爱因斯坦称为鬼魅的超距作用的量子纠缠。我们就请王阳明先生出来给我们抓鬼吧。

互相纠缠的量子对是不同的小宇宙，可是并不是完全相同的，而是有相关性。不管相距多远，知道了一个量子的信息，就可以知道另外一个量子此刻的信息了。如果探测到了一个量子的数据，另外一个量子的数据就知道了。一探测到了，波函数就坍缩了，纠缠就解除了。由于人们不知道如何解释量子力学的这个怪异现象，所以起了个名字叫"坍缩"。这个怪异现象就有点类似于王阳明先生的山中之花。测量量子类似于眼睛看山中之花；类似于手指去弹苏东坡的琴；类似于眼睛去看爱因斯坦的月亮。请注意了，这就是心鬼所在。实际本身根本就没有坍缩这一回事存在。在我们看来，微观世界是一个量子世界，可是对于太阳系外的巨人看来，太阳系也是一个量子世界了。如果我们把自己缩小到了原子的内部，这个就不会被称之为量子世界了。

两束共同来源的圆偏振光分开从不同方向走，这两束光同一来源互为阴阳。虽然不知道两束偏振光的具体偏振方向，可是知道极化方向之合为90度角。如果没有测量之前，我们只能通过数学工具来测算，得到每个量子的极化方向的概率。只有测量了一束光的极化方向，此时就知道了另外一束光的极化方向了。请注意，也许最难理解的就是一个关键点。这个也是又一个心鬼所在了。在没有测量之前，量子的状态是没有确定的；就好像如果没有看山中之花，山中之花是没有什么颜色的一样。爱因斯坦对这一点非常的纠结，他相信都是预先设定好的。爱因斯坦很好奇，是不是不看月亮，月亮果真是不存在的。可是如果说月亮是不存在的，是不对的；如果说月亮是存在的，也是不对的。只能说是非存在，非不存在的。山中之花也是如此。爱因斯坦想了一个例子来反驳，好比是两只手套，分别放在两只箱子里，不管分开多远，只要打开了一个箱子，就知道另外一只箱子的手套是左边还是右边的。这个是分开的时候已经确定的事实了，是确定客观存在的。可是的确微观量子世界，两束光分开的时候，并不是事先设定好的。直到探测到的那一刻才定下来，可以理解吗？我们可以这么理解，两束光往两个方向跑，直到测量的那一刻，具体被测量的光子极化方向如何，由投掷骰子来决定，定下来了，另外一个光子的极化方向也就确定了。只不过测量和投掷骰子是同时进行的而已，这个所谓的投掷骰子就是心这台超级照相机拍了一下，另外一个纠缠量子的状态也就确定下来了。

在大尺度的宇宙巨人看来，看不清楚我们太阳系这个宇宙，如同量子那样小，只好用地球般大小的行星来当炮弹测量太阳系。刚好在某个位置击中了地球，这时候就知道了地球的位置了，也就是波函数坍缩了。可是如果没有击中的时候，只能是知道地球的统计概率的。由于这种测量是随机性的，所以只能是有个统计的结果。可是在太阳系内部，星球是有条不紊地运动的。也许在原子的内部，更小的粒子也是有条不紊地运动的，只是我们以支离破碎的测量，所以才有了不可思议的量子理论罢了。也就是说我们以人的这个小宇宙来测算量子，就有了量子理论。我们所理解的统计概率的量子世界，是相对于观测者的量子世界，并不是量子世界的实相。我们的大脑又一次被蒙蔽了。同样的道理，我们用相对论来描述大尺度的宇宙，只是相对于观测者的相对论描述的宇宙罢了，并不是大尺度宇宙的实相。由于爱因斯坦不相信上帝会在测量的那一刻就投掷骰子，所以在它看来如同幽灵一样，有一个超距作用。并非有什么超距的通讯作用，而是两者本身有一定的相关性。所以知道了一个的状态，就知道另外一个的状态。当然并不是真的测量那一刻去投掷骰子的，而是刚好在测量那一刻，光子的极化方向到了某个角度时，而被测量到了。但是，如果没有测量是不知道的，通过数学计算只能知道光子极化的概率。如果一束光极化角度为 20 度，另外一束光的极化角度为 70 度；如果一束光的极化角度为 10 度，另外一束光的极化角度就是 80 度了，似乎是瞬间就通知了。这是宇宙的优美之处，并不是通知了对方，而是两束光互为阴阳的。就像男女心有灵犀一点通一样，即使远在天涯海角都是相通的。

5. 幽灵成像实验分析

1995 年一位华裔物理学家、美国马里兰大学的史砚华（Yanhua Shih）做了一个关于量子纠缠有趣的实验，后来被称为幽灵成像或者鬼成像实验。基于这个实验，现在已经研究出了量子照相机、量子雷达等设备。

如图 3 所示，量子纠缠光源发出了互为纠缠的蓝光子和红光子，经过极化分束器以后，分别走不同的方向。红色光子走过的路径设置了一个人形的狭缝，蓝色光子虽然没有经过人形狭缝，似乎也知道狭缝的形状，似乎红色光子通知了它，能够一一把红光子对应的蓝光子给筛选出来，就像验证了蓝光子的DNA 一样。两路光经过探测之后，进行相关性计算，结果可以清晰地呈现出

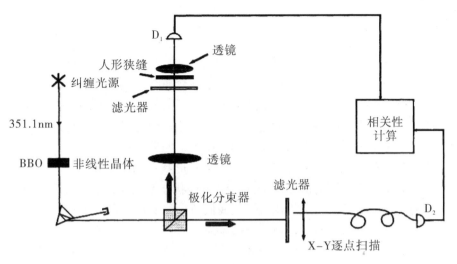

图3　幽灵成像实验示意

人形狭缝的图案。如果将狭缝形状改成马里兰大学的英文缩写 UMBC，可以呈现出英文缩写的图案。似乎蓝光子能够和红光子瞬间通讯而成像，似乎见鬼了，所以就有了幽灵成像的名字。有了前面阿斯派可特实验的分析基础，我们知道并不存在什么所谓的超距实验，只不过是蓝光子和红光子存在一定的相关性罢了。现在量子照相机、量子雷达的原理跟此也有点类似，一束光备份起来等待进行相关性计算，另外一束光发射出去探测物体并接收到反射回来的光，两束光进行相关性计算，就可以得到物体的图像了。

6. EPR 佯谬分析

1935 年 3 月，爱因斯坦和他的两位助手一起署名发表了著名的 EPR 论文，描述了一个假象实验。爱因斯坦看到文章发表了，露出了孩子般调皮的微笑，这下波尔可就麻烦大了。波尔看到文章后烦恼万分，他说道：必须躺在问题上睡觉了。

在假想实验中，描述了两个粒子的互相纠缠：想象一个不稳定的大粒子衰变成两个小粒子的情况，两个小粒子向相反的两个方向飞开去。假设该粒子有两种可能的自旋，分别叫左和右，那么，如果粒子 A 的自旋为左，粒子 B 的自旋便一定是右，以保持总体守恒，反之亦然。我们说，这两个粒子构成了量子纠缠态。

这个假象实验就从此打开了量子纠缠的幽灵之门。人们怀疑两个量子之间会瞬间的超光速的进行通讯。被爱因斯坦称为鬼魅般的超距作用，以为存在着超光速。

我们请王阳明先生出来抓幽灵吧。这里以电子的自旋为粒子来解释，有点类似于前面偏振光的实验。如果在没有测量之前，电子自旋的方向是不确定的，以一定概率存在。当测量的那一刻，心这台超级照相机照了一下，一个电子状态才确定了，人们对这种现象觉得不可思议，就称之为波函数的坍缩。人们对于测量这个事比较困惑。测量电子发生的那一刻类似于王阳明先生看山中之花。如果不看就不会出现头脑中美丽的花朵，如果不看山中之花，可以说不能称之为花，没有颜色，没有名字，没有空间形状。测量蒙蔽了人们的眼睛，以为是见鬼了。人们固有的思维会觉得量子的状态是确定的，是客观存在的，并不会在测量的那一刻再去投掷骰子。我们被大脑这种固定思维所欺骗了。实际并无坍缩这一回事，数学、波函数的本质，只不过是描述量子的一种工具而已，只是指月之指而已，而不是量子本身。相对论只是从地球这个小宇宙的视角，描述大尺寸宇宙的工具罢了；量子理论也只是从人这个小宇宙的视角，描述量子小宇宙的工具罢了。相对论并不代表着大尺寸宇宙的实相的，只是一种描述而已，就像我们用望远镜去观察星空，我们所看到的，并不是宇宙真实的景象。实际也不会存在超距通讯这一回事，只是本身就带有相关性罢了。

有人也许会以为分开的一刻，已经存在着很隐蔽的因素，现实就已经决定了量子的状态了。并不是在测量的那一刻才决定的，可以称之为隐变量。爱因斯坦以为也许就像一双手套一样，分开的时候就已经决定了。还有就是类似一双袜子，知道了一只，就知道了另外一只了。爱因斯坦说上帝不会投掷骰子，可是投掷骰子的时候，在出手的那一刻，所处的地理位置，当时的周边环境，风力大小，已经决定了骰子会是什么结果了。只是我们不知道具体是什么变量，所以称之为隐变量的。投掷骰子有六个面也许复杂一些，那投掷硬币在出手的那一刻，也是已经决定了正面还是反面了。可是经过科学家的寻找，量子纠缠中没有隐变量存在；经过冯诺依曼的数学运算，也没有隐变量存在的。

EPR 佯谬只不过是表明了波尔和爱因斯坦两派哲学观的差别。哲学观的不同是根深蒂固难以改变的，这就是我们为什么感到迷惑的原因，需要来自于东方的王阳明先生的智慧，引领物理学的革命，走出物理学的迷雾。爱因斯坦说，上帝不会投掷骰子，他相信世界是简洁完美的，不会如此随机，该有更深层次的真理存在的。可以说爱因斯坦没有错，波尔也没有错，只是所站的角度不同罢了。

7. 电子双缝干涉实验分析

2002 年，《物理世界》杂志评出十大经典物理实验，杨氏双缝实验用于电子名列第一名。单个电子自己跟自己发生干涉，这样的结果令人着实咋舌。我们只见过两个人互相打架，不会自己打自己的。而这样的实验每天都可以在实验室实现。著名量子力学专家费曼认为，杨氏双缝电子干涉实验是量子力学的心脏，包括了量子力学最深刻的奥秘。如果我们能够用王阳明先生的心学来解析清楚，我们就可以打开量子力学的大门了。

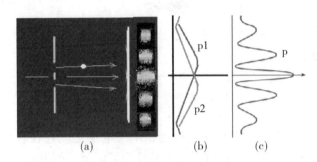

图4 杨氏电子双缝干涉实验示意

相信大家都很熟悉这个实验，我们都做过光的双缝干涉实验。这里只是把光换成了电子而已。观察结果显示，电子会一个一个到达屏幕的。对应于到达屏幕的每个电子，屏幕上出现一个亮点。随着发射的电子数目的增加，亮点越来越多。当亮点多到不容易区分的时候，接收屏上显示出了确定的干涉图案。这是怎么一回事呢？这干涉从何而来？从电子双缝实验，我们会得出一个貌似荒谬的结论：一个电子同时通过了两条狭缝，然后，自己和自己发生了干涉。

虽然这个结论比较荒谬，但是，我们总是有办法去测量到底电子通过了哪个狭缝。当我们去测量的时候，两个狭缝的检测装置不会同时检测到电子通过。当我们在那里纳闷的时候，回头一看屏幕，见鬼了，干涉的条纹消失了。这里又一个幽灵出现了，我们还是请王阳明先生出来抓这个鬼吧。

我们对疑惑分别进行分析：

第一点是分别把一条狭缝遮住，用单缝电子衍射图案叠加，为什么得不到干涉条纹？如图4所示。

第二点是电子似乎同时通过两条狭缝，而且自己跟自己发生了干涉，这是为什么呢？

分析：我们将第一点和第二点放在一起来进行分析。我们先来分析一下电子干涉的本质是什么。我们先来看看电子的纠缠是怎么形成的，从中我们可以看到电子之间的干涉如何形成的。

图5中电子1处于一种定态，它有两个电子云，分别为A和B。由此可以知道电子1以一定的概率，在A和B两处空间之间非连续性的运动，它可以

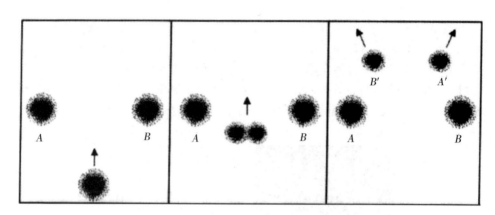

图5 电子纠缠性形成示意

跳来跳去。电子2由下至上地往上运动，由于电子之间存在着相互作用的斥力，也就是库仑力，所以2的电子云分开成为了两朵。如果电子1在A，电子2就在A'；如果电子1在B，电子2就在B'。这两朵电子云发生了量子纠缠了。去测量电子1的那一刻，才能确定电子1的确切位置，用科学语言来说就是坍缩了，而实际并无坍缩这一回事的，只是一种方便的说法而已；而知道了电子1的位置，就可以马上知道电子2的位置了。

我们通过这个图可以加深对量子纠缠的理解。同时我们会想，电子不是有分身术吗？可以分成两朵电子云，是不是可以同时穿过双缝，并自己跟自己发生干涉呢？一朵电子云无法发生干涉，这里却有两朵电子云了，我们赶紧去揭晓秘密吧。

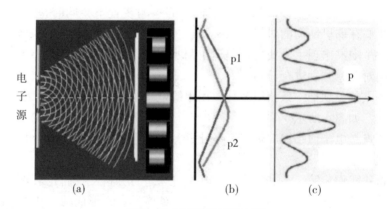

图6 单电子双缝干涉示意

我们来看看图6，电子源发射出来的单个电子以同等的概率通过双缝。而电子在穿过双缝之后，如果用电子云图来表示电子，该如何表示呢？是不是很小的一团呢？不是的，由于受到狭缝的影响，发生了衍射。所谓的衍射是由于受到狭缝的影响，电子改变了原来的运动方向，在各个方向上都有一定规律性变化的概率。电子云就是不断地扩大的一个图，如果没有屏幕的限制，电子云原则上可以无限地扩大，电子可能出现的地方，都是电子云所覆盖之处。当然以狭缝为中心，越往远处，电子云的空间密度就越稀薄。图中为了方便理解，所以画成了线的形式，实际应该是很大的两个电子云图。通过双缝之后，一个电子有了两朵这样的电子云，当然在狭缝处不会同时出现电子，也不会同时检测到电子的。可是两朵电子云如同水波一样，会有互相重叠的地方，这些地方电子出现的概率是100%。如果这些地方放在屏幕那里了，就会集中地出现电子的痕迹，也就是出现了电子干涉的条纹。请注意，我们又一次被我们的大脑所欺骗了，我们把干涉误解成了粒子之间的相互作用，就像两个人在打架一样，自己总不至于跟自己打架的，而本质不是这样的。粒子的干涉只是粒子集中出现的概率比较集中罢了。如果干涉是粒子之间的相互作用，那么必定有两个粒子在一起才能相互发生干涉的。到了这里，王阳明先生已经把单电子发生干涉的心鬼给揪出来了。也许这个心鬼已经纠缠了我们许多年了，让我们想破脑壳，烦恼不已了吧。我们的大脑一想到干涉，必然会以为是两个粒子之间发生的事情，互相拉扯，而实际粒子干涉的本质不是如此的。我们又一次上当受骗了。光的双缝干涉也是如此的。我们也许会误解成两个反方向运动的粒子之间互相拉扯，扯后腿的就是暗的地方，就是没有条纹的地方；如果是互相增强的地方，就是有条纹的地方。实际不是这样的，而是粒子出现统计概率。电子、光子的干涉跟水波的干涉有着本质的不同；量子的干涉是以统计概率为准。而水波干涉是波动能量的消长，水波在地球这个小宇宙，是纯的波，而不是具有波粒二象性。波粒二象性只是量子的一种描述，既像是波，又像是粒子，这是测量的结果，这是观测的结果。然而测量的结果并不代表着量子的实相的。我们又一次被大脑所欺骗了。之所以容易被蒙蔽，是由于我们受到了宏观的水波干涉的影响。

一开始以为是前后两个电子之间发生了库仑力的斥力而产生了干涉。以为是两个电子发射间隔时间不够长，还足够去互相发生影响。想着如果能够把电子的发射间隔时间延长，就必定不会发生干涉了。消除了电子之间互相影响的可能性。可是如上面的分析，我们已经清楚了单电子发生双缝干涉的本质，即使把电子发射时间拉长，也照样会生成电子干涉条纹的。电子的飞行速度是很快的，有些实验中电子的速度为1.2万公里/秒，而光速更吓人，速度约为30万公里/秒。电子飞行速度如此之快，从发出去到达屏幕，时间几乎可以忽略不计了。而屏幕上每次只是显示一个电子，间隔为每秒一个，大约积累2个小时就可以看到清晰的干涉条纹了。如此电子之间应该不会互相影响的。如果把时间在这个基础上继续大幅度延长，这个实验可以暂且命名为：电子延迟发射双缝干涉实验吧。

第三点是为什么在测量的时候，干涉条纹就消失了呢？是不是真的见鬼了呢？

分析：如果没有进行测量的时候，是不能确定此刻电子确切是从哪条缝通过的。就好比是前面所说的纠缠量子一样，如果不测量的那一刻是不知道的。只有测量的时候，才坍缩成从哪一个缝隙中过去的。这个坍缩只是一个科学的说法而已，实际并不存在着坍缩这一回事。请注意了，坍缩这一刻类似于对山中之花的观察那一刻；类似于手指去弹苏东坡的琴的那一刻。我们不能称手指弹琴那一刻发生了坍缩了。测量电子就改变了电子的状态了，自然也就不会产生干涉条纹了。由于电子的质量极小，要去测量就很轻易改变了电子的运行状态，干涉条纹就不再发生了。测量电子类似于看山中之花。只不过是测量者不同而已，山中之花的测量者是王阳明先生。见到了这一点，就不会见鬼了。

如果想在双缝处测量试图抓到电子，干涉条纹就消失了。假如我们根据电子的速度，当确定它已经通过双缝之后，迅速在后面的板上放上测量设备测量会如何呢？科学家们已经做过了这个实验，这就是著名的延迟选择实验。即使如此，测量还是看不到干涉条纹。经过前面的分析，我们已经清楚了，即使在电子通过狭缝之后马上进行测量，同样也会影响到电子的状态，电子的质量太小了，一测量就改变了状态，看不到干涉条纹也是情理之中的。

8. 结束语

前面尝试以王阳明先生的智慧来破除了量子理论中的迷雾。要革新物理学，必须要革新宇宙观，也就是对意识本质的突破；要革新宇宙观，必须要革新自心。人为测量工具，而心为人的主宰。革新自心就是改进测量工具，改进测量方法的。我们宁愿去造更为庞大昂贵的粒子加速器，也不愿意花一点精力去改进一下我们的宇宙观，而忽略了心是终极的测量工具。

第二章　大统一理论与心学

尝试通过东方的阳明心学来科学地解释大统一理论。心和物本来为一体不可分割，观测者和被观测者本来是一体的，是不可分割的。如果将两者分开来研究，已经把心和物割裂开来了，就无法得到大统一理论。此次物理学革命也许会由意识本质研究的突破而兴起，会建立起全新的时空观，其影响极其深远。

关于大统一理论霍金曾说道："这和描绘地图表面很相似，人们不能只用一个单独的地图，而不同的区域必须用不同的地图。这就变革了我们的科学定律统一观。"大统一理论试图用一张地图就把地球复杂的表面全部都描述清楚，这个也许是徒劳的。

爱因斯坦曾经花了40年的时间探索大统一理论，当今的科学家还在继续探索，试图通过超弦理论来统一物理学；试图构建大统一理论，统一四种力。这些都是有益的尝试，但是也许打开大统一理论大门的金钥匙在东方传统文化当中。心学可以指导人们格物致知，穷万物之理，也就是说可以指导物理。越来越多的人感觉到，东方智慧将引领人类走出迷雾。

1. 什么是宇宙

我们尝试用老祖宗给我们的金钥匙去打开大统一理论的大门吧。在我们古人那里，上下六合和古今称之为宇宙，也就是时间和空间。一花一世界，一叶一菩提。一朵花、一片叶子可以说是一个世界的，可以说是一个小宇宙的。山中之花可以称之为宇宙。既然称之为宇宙，其实就有一整套的时空规律。如此就变革了多宇宙和平行宇宙的理论。

爱因斯坦曾经想象骑着光旅行，也就是以光为参照系，以光子为一个小宇宙。以0.8倍光速飞行的宇宙飞船可以看作是一个小宇宙，在上面有自己的时空，自己的时间和空间，自己有一个独立的参照系。而以0.9倍光速飞行的宇宙飞船也可以看作一个小宇宙，也是有一个独立的参照系。

原子是一个小宇宙；月球也是一个小宇宙，可以以月球为中心观测；地球也是个小宇宙，可以以地球为中心观测；太阳也是个小宇宙，可以以太阳为中心观测。也就是说以地球为中心来观测也是对的；以太阳为中心来观测也是对的。由此我们就彻底摆脱了地心说和日心说。如果执着于地心说和日心说就错了。参照系可以建立在任何一个小宇宙上，也就是说这一切都是相对的，这就变革了我们固定的宇宙观。

没有完全相同的两个小宇宙。没有完全相同的两片叶子，没有完全相同的两个人，没有完全相同的两个原子，没有完全相同的两个地球。虽然没有完全相同的两个小宇宙，可是却有些相同的东西的。对于大尺度宇宙来说，需要高速的飞行，而这些场景都是远离于我们的生活的，非我们习惯性的东西，大脑也容易被蒙蔽的。在不同的宇宙飞船的人们眼中看来，光速都是不变的。这个就是爱因斯坦相对论的基础。对于探索大尺度的宇宙，需要逼近光速的高速飞行了，所以就有了相对论。近来人们对于类地行星非常感兴趣，以为把地球污染了，资源开发完了，就可以移民到别的星球去生活了。可是没有完全相同的两个地球，也许可以找到地球的兄弟，可是其条件也许有些不同的，而人类是在地球这样的环境条件下进化出来的。也许是无法适应新的星球的，所以趁早放弃这种幻想，好好珍惜地球这个唯一的共同家园。

2. 革新宇宙观

要革新物理学，必须要先革新我们的宇宙观，革新我们的时空观；如果要革新宇宙观，必须要先革新我们自己的心。不要忘记了，自我本身就是一个测量工具。如果要得到宇宙的实相，必须要改进测量工具，改进测量方法。

我们只知道不断地建造更大型的粒子加速器，改造测量工具，而从来都没有想到根本的测量工具在于我们的心。

我们固执习惯性以自我为中心，这个事情蒙蔽了我们。托勒密的地心说，人类固执地以地球为中心，以为地球这个小宇宙就是整个大宇宙的中心。哥白尼的日心说颠覆了人们被蒙蔽的双眼，布鲁诺为了捍卫真理而被活活烧死了。每一次物理学的革命都是比较艰难的，艰难的并不是在于宇宙本身，而是在于我们被蒙蔽的双眼，被蒙蔽的心。传统文化的回归将开启意识本质革命的大门，这也将带来物理学的革命。

太阳系可以说是一个宇宙，地球可以说是一个宇宙，原子可以说是一个宇宙，山中之花可以说是一个宇宙。也许日心说也不对的，没有一个绝对的中心，都是相对的。我们甚至可以把参照系设立在月球上。

我们把小我当作太阳，而家人、朋友、动物、花草和石头都是由近到远的类似于行星那样围绕着自我转动。也难怪哲学家尼采会说，我是太阳。

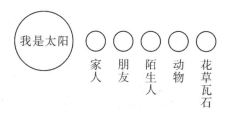

图7　以自我为中心示意

物理学的变革，首先需要变革的是以自我为中心的视角，也就是对于测量的变革。我们习惯于把头脑中别人的印象当作活生生的本人；我们习惯于把看到的花的样子当成了花的实相本身；我们习惯于把看到月亮的样子当成了月亮本身；我们习惯于把观测到的量子当成了量子的实相本身；我们习惯于把指月的手指当成了月亮本身了。

可以想象，革新自我为中心远比革新地心说要艰难得多。《道德经》中说："不敢为主而为客。"主客是相对的。

3. 统一量子理论和相对论

相对论和量子理论并不是什么都不可调和的，只是由于视角不同而已。一个是由小看大，一个是由大看小。比如用一个纸筒，一头大，一头小。如果从小看大，类似于相对论；从大看小，类似于量子理论。青蛙在井中观天，人从外面看井中的青蛙，这两个视角有点类似于量子理论和相对论。这两个视角不可能强制统一的，这两个理论不可以强制去统一的。《庄子》中说道："自细视大者不尽，自大视细者不明。"从细小看大，比如从地球这个小宇宙看大尺寸宇宙，就有看不尽；可以借用相对论工具可以延伸我们的视野。从大看细小，比如从人这个小宇宙看量子小宇宙，就看不明了，可以借用量子理论来延伸我们的视野。从大尺度宇宙的角度来看地球这个小宇宙，地球上汽车如同虫子一样爬来爬去，会觉得很奇怪。我们以人的小宇宙来看量子的宇宙，也会觉得很奇怪的，不可思议的。太阳系半径/太阳半径＝原子半径/原子核半径，这个比例刚刚好。这就说明了量子微观世界和宏观的太阳系还是比较和谐统一的。

宇宙本身是和谐统一的，只是我们的视角不同，所以拼起来的宇宙图景就是支离破碎的，而不是统一的。如果心和物分而为二了，也就无法统一了。如果以自我这个小宇宙的图景，和自我眼中别人的图景进行对比，就很难统一的了。但是，如果是以自我这个小宇宙从内看自己，而别人也是从内看他自己，这样的两个视角就可以统一了。我们需要去统一的不是物理学，而是需要统一自己的内心。如果统一了自己的内心，也就是有了以天地万物为一体的仁爱的大心，这个世界就不再是支离破碎的了，而是有机的整体了。强行实现大统一理论，就好像是强制性要求男人和女人达成一致意见，强行去干涉别的宇宙的独立性和协调性的。

从宏观世界观测微观世界，这就是量子理论；而从宏观世界观测宇观世界，这就是相对论。这两个视角完全不具备可比性，如何能够强制性地统一呢？婆婆是个小宇宙，有自己的参照系；媳妇是个小宇宙，也有自己的参照系。两者无法强制统一。我们心中的自己和自己心中的别人是没有什么可比性的，每个人都会有偏心的。如果缩小钻入原子内部，微观世界也就变成了宏观世界了；如果变成巨人在宇观世界来看太阳系，太阳系也就变成了微观世界了。

太阳系是一个宇宙，而原子也是一个宇宙。假如在一个大尺度宇宙视角，太阳系也许就如同原子那么小，都看得不太清楚。有一个巨人来测量太阳系，也许会觉得很不可思议。用行星大小的星球来做测量工具，如同炮弹一样来探测太阳系。刚好地球运行到了某个地方，被击中了，如此就知道了地球在哪个位置，是什么状态了。否则如果没有击中之前，只能知道地球的概率。这就类似于波函数的坍缩。也是只能通过统计的数据来描述太阳系。也许在大尺度的巨人来描述太阳系，可以用量子理论来描述的。也许在小尺度的原子内部，小人可以用经典理论来进行描述的。

不同的人属于不同的小宇宙，在我的小宇宙内的一些规则价值观，不可强加给别人。就像大尺度的宇宙适用的相对论，不可以强加给量子世界。小尺度的量子理论，不可强加给大尺度的宇宙。东方的文化不可强加给西方，西方的文化不可强加给东方。男人的理念不可以强加给女人，女人的理念不可以强加给男人。不过如果需要完整的了解实相，需要站在各自的宇宙的角度才可以看清楚。所以需要换位思考，需要看到这种相对性，这个也是爱因斯坦相对论的本质。

如果要去了解花的规律，需要站在花的宇宙中去了解，而不是在外面去了解，这个就有偏差了。如果要了解月亮这个小宇宙，就要站在月球上去观测。地球可以作为宇宙的中心，太阳也可以，月球也是可以的。如果执着于某个固定的参照系，那就不对了。地心说相对来说还是容易打破，以自我为中心的观念，这个最执着，最难打破。原子是一个小宇宙，如果要了解原子这个小宇宙，就要站在原子的角度去了解，如果我们人类能够缩小到原子内部去做实验，就不存在着怪异的量子理论了。量子理论这个是在我们地球这个宇宙，在人这个小宇宙角度去看的，就会有许多不可思议的怪异的事情出现。我们看不清量子，所以用了不同的测量工具和方法去测量，用数学工具的理论去描述，这些并不代表着真正的量子世界本身。量子理论是在人的这个层次的小宇宙描述量子宇宙的，也就是说宏观世界来看微观世界的产物。想象一下，我们变小，小到能够进入到原子去观测，就是另外一个景象了。爱因斯坦的相对论是超越了地球这个宇宙，去测量大尺度的宇宙的情况。从宏观世界观看宇观世界，所以也会有一些不可思议的情况出现的。如果本身站在大尺度宇宙的视角，就不会有什么特别的了。

在不同的宇宙看来，光速相对于观测者，相对于测量工具而言，都是不变的。为什么光速不变呢？这和我们的心有关。我们的心感知的最高速度是光速，可以说如果没有心的感知，速度是不存在的，更别提什么超光速了。正是由于与心感知有关，所以速度变化而物体的质量也会随着变化。每个宇宙都有一个自己的参照系。相对论中质量随速度变化而变化，而速度离不开观测者，离不开心。也就是说心与外界实相共同发生作用而赋予万物质量。

爱因斯坦后半生花了许多的精力去实现大统一理论，如此是注定不能成功的。现在还有许多科学家还在前赴后继，终其一生浪费精力就太可惜了。心和物分割为二，刚起步也许就错了。比如我们仰望天空，看到繁星点点，这个图景类似于大尺度的相对论。而从太空看地球的人们，根本都看不清楚，只能去用工具进行探测，得到了图像类似于量子理论。我们非得要把这两个视角的图片进行统一，美其名曰大统一理论。

4. 四种力的统一

西方科学家一直在致力于四种力的统一，建立大统一理论。

下面先看看两个通俗的比方。长江和黄河互为阴阳，是两条不同的河流，如果要将两者统一，这个是比较难的。可是如果回归到了源头，就很难分出彼此了。丑小鸭和小鸭子在小的时候，也许无法分出彼此来，都是鸭子。丑小鸭长大了就变成了白天鹅了。白天鹅和鸭子就无法统一了。

我们钻入原子内部，核力就类似于原子宇宙的万有引力；核力和万有引力是统一的，可以合称为阳力。我们早就已经统一了弱相互作用力和电磁力，可以合称为阴力。阳力和阴力互为阴阳。两者类似于前面所说的长江和黄河。假如我们回归到了宇宙诞生之初，就知晓阴力和阳力本来就是一个东西来的，不需要统一而统一了。阳力和阴力就好像地球上两块不同的区域，如何能够用一张地图全部描述得清楚呢？

阳力和阴力回归到源头就可以归于一；长江和黄河回归到源头就可以归于一；白天鹅和鸭子回归到小时候就可以归于一。七情六欲回归于中，就可以归于一。七色彩虹回归成太阳光就可以归于一。宇宙诞生创立了互为阴阳的两种力，正如善和恶，黑和白，有和无。

我们说心是超级测量工具，此心如果未发出来即是中，蕴含着七情，发出来了就可以分为七情，有了喜怒哀乐；七情如果适度节制称之为和。一束太阳光为白色，里面蕴含着七色，经过三棱镜可以分为七色。一根竹管不开孔，可以作为定音器使用，看似发出一个音，可是被称之为胎藏，里面蕴含着五音。如果开了孔，就可以分出五音了。发出五音如果能够调和，就成了美妙的乐曲。如果不能调和，只能被称之为噪音。如果把不同长短的竹子并排放在一起作为乐器，在古代称之为比竹。人可以说是天籁之音，类似于竹管，不同音调的人站在一起，就可以形成合唱了。不同的量子衍生出来，互相调和，弹奏出物质世界无比美妙的乐章。

一个量子处于叠加态，还没有进行测量，就没有确定状态，可以说蕴含着各种可能性，比如电子的自旋有左旋和右旋。这个是通过统计的角度来描述的。如果测量了就分出来了。纠缠量子源如果没有发出来，蕴含着纠缠量子对；如果发出来了，就有了纠缠量子对。

光子在静止的时候质量为零，这就对应于喜怒哀乐未发之中；光子运动起来质量为 M，而质量和频率相关，所以光子有许多不同的质量。正如黑和白之间有无数种颜色。不同质量的光子演奏出了奇妙的乐章。光子之所以运动，并不是光子运动而是仁者心动。心静止了，光子也就静止了。没有动，哪有静，也不能势着于静。树欲静而风不止，风静止了，树也就静止了。我们无法找到让心停止的按钮，这个按钮是无形的，然而阳明心学则可以找到让心进入静定的方法，也就是格物致良知的方法。万物由光子构成，光子运动赋予万物质量。然而并不是光子运动，而是心动。这也就是为什么古人会讲：万法唯心造了。当然心和万物实相共同发生作用，而生成了我们眼中的万物。

古代有风动幡动的著名公案，不是风动，不是幡动，而是仁者心动。西方有著名的芝诺悖论，也就是关于非矢不动的论述。飞矢动，这只是在我们观测者眼中在动罢了，如果离开了观测。飞矢和我们的心归于寂静，也类似于前面探讨的山中之花。请注意了，光子为万物构成的根源，光子是真正的上帝粒子，而不是希格斯粒子。光子赋予物体质量。然而运动赋予光子质量，光子静止质量为零。如果心处于静止，光子质量为零，光子就无法赋予世界质量，世界就是零质量的，这个是颠覆性的结论！这也是科学家研究希格斯粒子所感到震惊的！科学家接受不了这一点，拼命要抓住救命稻草，认为希格斯粒子阻碍基本粒子，赋予其他粒子质量。也许不必要感到震惊，运动赋予物体质量，这是宇宙无中生有的微妙机制。

西方科学家费尽九牛二虎之力，想去统一四种力，这就好像是想去统一黑和白，统一善和恶，统一长和短一样的。这是没有任何意义的。统一四种力就好像是统一喜怒哀乐，统一五音，统一五色一样，这是没有什么意义的。统一长江和黄河也是没有意义的，只需要回归到源头，就发现本来是统一的。我们回归到中庸之中，就会发现七情六欲可以统一；回归到一根竹管，就会发现虽然只有一个音，可是却蕴含着五音，可以称之为胎藏。

庄子的《齐物论》讲的就是统一万物。虽然万物千差万别，可是却可归于一的。大树有万个孔，而风吹动的时候产生了万种声音。这万种声音就代表着万物，万物形态各异，而万种声音也不同的。如果风静了，万种声音就消逝了，就归于寂静了；如果心静了，光子也就没有质量了，万物也就归于寂静了。如何去统一万物呢？我们连五个手指头都很难统一，都无法一样长。树欲静而风不止，风停止了，一切就归于寂静了。不是风动，不是树动，而是心动的。心不动了，处于静定了，如此万物不统一而统一了。

5. 薛定谔的猫思想实验分析

霍金为爱因斯坦之后的物理学界盟主，如果物理学上还有什么事件让他烦恼的话，那一定是薛定谔的猫。他曾经说过："谁敢跟我提起薛定谔那只该死的猫，我就去拿枪！"霍金很幽默，可通过这个事情可以看出这个思想实验令人们倍感疑惑。本来量子理论令人们比较困惑了，如果仅停留在微观世界，不会影响人们的实际生活就大家相安无事了。可是薛定谔的猫却扰乱了这个平静。

实验是这样设置的：这只猫十分可怜，它被封在一个密室里，密室里有食物有毒药。毒药瓶上有一个锤子，锤子由一个电子开关控制，电子开关由放射性原子控制。如果原子核衰变，则放出粒子，触动电子开关，锤子落下，砸碎毒药瓶，释放出里面的毒气，此猫必死无疑。这个残忍的装置由薛定谔所设计，所以此猫便叫作薛定谔的猫。

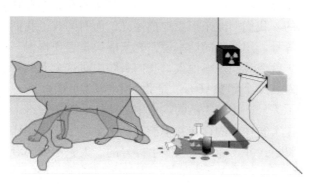

图8　薛定谔的猫思想实验示意

如果没有揭开盖子观察，薛定谔的猫永远处于同时是死与活的叠加态。这与我们的日常经验严重相违。一只猫，要么死，要么活，怎么可能不死不活，半死半活呢？这里我们大脑又蒙蔽了我们了，不死不活跟半死半活是两回事的，也许应该表达为非死非活。也许另外还存在着什么秘密呢？学素描的人就清楚黑和白之间有无数个层次，并不是非黑即白的，只是相对的。虽然眼白在我们印象里是白的，可是画画的时候却是画成浅灰色的，只是相对眼珠的黑来说，是白就是了。

我们请王阳明先生出来救薛定谔这只可怜的猫吧，它已经被困在箱子里面几十年时间了。我们要去做实际实验吧，也不太猫道，只能是通过思想分析来解决了。与其说这是个物理学问题，不如说是个哲学问题吧。对于东方哲学，王阳明先生再擅长不过了。

前面我们探讨过革新的宇宙观。在这个实验当中，可以说有一个衰变原子的微观宇宙，有一个猫所处的宏观宇宙。而且两个小宇宙之间存在一定的关联性，就像是量子纠缠那样的关联。只不过与量子纠缠不同的是，量子纠缠为同一层次的小宇宙之间的关联；而这个是夸层次小宇宙之间的关联罢了。如果我们把这只猫换成另外一个纠缠的量子就不会有什么困惑了。把两个不同的视角的东西放在一起，就会令人困惑而感到不可理解的。我们看到哈哈镜也会觉得很不可接受的。在薛定谔的猫的实验中，薛定谔把对于原子衰变的测量，转换成了宏观的对猫的死活的观测。请注意了，这就是薛定谔偷天换日的秘密。实际上，原子的衰变与否概率也是各为50%；猫的死活概率也是各为50%，微观和宏观并没有什么矛盾。我们打开箱子看的时候，才知道猫是死是活，并不是看的那一刻决定了猫的生死。我们去测量原子是否衰变，测量的那一刻才知道是否衰变，但是并不是测量那一刻决定衰变与否的，也许已经衰变很久了。这个是和量子纠缠有本质的区别。

前面我们讲过量子理论是我们观测另外一个我们看不见的小宇宙而使用的工具罢了。量子世界是我们心中的世界，而不是实实在在的存在的世界，实际的情况并不相同的。我们用波来形象地描述光，而时间久了我们就以为光就是波，我们会画上等号。用波尔的话来说，光只能说是表现得像一列波罢了。我们的心被蒙蔽了。就像我们观察他人，我们头脑中对这个人的印象，并不等于实实在在的这个人。那个印象只不过是我们心中的世界罢了。头脑容易被蒙蔽，将两者画上了等号，比较隐蔽的。山中之花如此美丽，这个只是人们心中的花而已，跟外在实实在在的存在并不能完全画上等号的。同样的，语言文字也只是指月之指罢了，并不能跟实物画上等号的。大家不要小看这点，大道至简，外离相即禅。

对于猫的这个小宇宙，跟人的小宇宙是处于同样一个层级的，也就是宏观世界。从同一个视角去看，就不会存在量子理论所描述的那样的叠加态了。我们这是在张冠李戴的，在把微观的视角强加在人的小宇宙上了。这也是我们觉得这个思想实验荒谬和不可思议的缘故。我们也不能强制把大尺度宇宙适用的相对论强加在微观世界。不能把微观世界的视角出来的量子理论强加给大尺度宇宙。只是视角不同罢了。我们看自己和看别人，两个角度是完全不同。如果把看自己和别人看他自己来对比，这两者来进行匹配，这个是可以的。

我们测量原子是否衰变。并不用等到测量的那一刻，衰变原子的状态才确定下来的，只是测量的那一刻，才知道是否衰变的，实际衰变也许早就发生了。我们来改进一下思想实验，给猫安装一个脉搏和体温检测仪器，并把显示装置拉出来箱子外面。我们就不必要打开箱子，就可以知道猫的死活了，而且知道死去多久了。如果说我们去看显示装置，如此也是检测呀，相当于打开了箱子看了。我们甚至不要人去看，而是把数据给固定存储在计算机里。如此就没有什么矛盾了。

我们再来改进一下这个思想实验。假如我们把衰变原子换成互相纠缠的电子对。如果电子自旋为左旋，就触动开关，释放毒气，猫就死了。如果电子自旋为右旋，猫就不死。而且两个电子分开在很远的地方。量子纠缠我们可以测量箱子里面的电子来决定猫的生死，也可以远距离在太空遥控箱子中猫的生死。这个改进的思想实验中的猫，可以暂时称之为王阳明的猫。箱子中的猫也是半死不活的，当然我们可以从太空瞬间决定猫的死活。我们对比一下薛定谔的猫和王阳明的猫，两者是有完全的不同的。不同之处在于原子的衰变，是测量的那一刻才知道，并不是测量的那一刻才发生的，也许原子的衰变已经发生了很久了，也许这只可怜的猫已经死了很久了，已经死去了几十年了。而王阳明的猫，只有测量的那一刻，波函数才坍缩，才确定了电子到底是左旋还是右旋，才决定了猫的死活。可以说，测量之前本无左旋和右旋概念，测量一刻创造了它们，正如看花的一刻，心和花的实相共同创造了花。这就是阳明先生讲的，意在于花，花就是一物的真谛。至于你打开箱子看不看，还是钻入箱子去看，对猫的死活都没有什么影响，猫始终都是活的。测量的那一刻，才能同时决定猫的死活。知行是合一的。

我们将薛定谔的猫和王阳明的猫进行了对比，如此这个思想实验就更加清楚了。只是在薛定谔的猫的实验里，薛定谔偷天换日了，把测量工具换成宏观世界的人了，本身就不存在什么叠加态了，这就是问题所在。只是视角不同，而给人造成了这种荒谬和困惑的错觉。王阳明先生成功地解救了薛定谔那只可怜的猫。

6. 结束语

我们在地球上觉得月亮很亮，有一天我们登上了月球，从上面看地球，还比月亮更亮。我们在地球，也许就会以地球为中心；我们在月球，也许就会以月球为中心。我们换位思考，也许就会以别人为中心了。我们看月亮，看不清楚月亮上的一切，只是有个影像和描述，类似于对量子描述的量子理论。我们观测大尺度宇宙，用的是相对论的。而观测地球这个小宇宙，使用的是牛顿的经典理论的。不同的视角得出来的图像，不能够强制性统一的，也不能够张冠李戴的。这就变革了我们的大统一理论观点。我们就没有必要去做寻求大统一理论的无用功了。如果我们有了以天地万物为一体的大心，宇宙的图景就不会是支离破碎的了，就是和谐而美妙的。

霍金在《时间简史》的结论中说道："如果我们确实发现了一个完备的理论，在主要的原理方面，它应该及时让所有人理解，而不仅仅让几个科学家理解。那时我们所有人，包括哲学家、科学家以及普普通通的人，都能参与讨论我们和宇宙为什么存在的问题。如果我们对此找到了答案，则将是人类理性的终极胜利：因为那时我们知道了上帝的精神。"

最后，用一句诗句来做结束语：不识庐山真面目，只缘身在此山中。

第三章　标准粒子模型与心学

标准粒子模型似乎构建起了完美的粒子大厦，一个接一个的粒子已经被找到，仅差最后一块积木，就是希格斯粒子，也就是上帝粒子没有被找到了。似乎已经接近竣工了。这有点类似于 19 世纪所宣称的那样，物理学的大厦全部建成，今后物理学家只是修饰和完善这座大厦了。然而柳暗花明又一村，当今物理学上空又遇见了乌云了，东方传统文化的复兴将引领此次物理学革命。此次物理学革命也许会由意识本质研究的突破而兴起，会建立起全新的时空观，其影响极其深远。

现有的标准粒子模型并不像人们想象的那么完美，里面还是有拼凑的痕迹，似乎还有修修补补的。中微子振荡的发现，则说明粒子物理的标准模型并不完美，发现中微子振荡是意外之喜。有人认为，希格斯粒子为上帝粒子，是标准粒子模型的基石，赋予其他基本粒子质量。然而事情是这样的吗？我们尝试用心学来构建新的标准粒子模型。哈佛大学教授杜维明曾说过："二十一世纪是王阳明的世纪。"心学可以指导人们格物致知，穷万物之理，也就是说可以指导物理。越来越多的人感觉到，东方智慧将引领人类走出迷雾。

1. 从柏拉图的洞穴比喻说起

西方著名哲学家柏拉图有个关于洞穴的譬喻。有一群人被捆在山洞里，前面有一堵墙，背后烧着一堆篝火。火光产生了一些影子在墙上，这些人看着墙上的光影，以为这一切都是真实的，会产生喜怒哀乐。当有一个人挣脱了绳子走出洞外一看，看到了实相以后，他回来告诉洞里的人，没有一个人相信他，还说他是一个疯子。

这个公案有点像看电影，我们看着电影里发生的一切，以为是真的，还会随着剧情而心情起伏不定。以为电影里所有的人都在动的，实则每个胶片都是静止的。

这也让我们想起了东方著名的风动幡动的公案，结果却是仁者心动而已。言下之意是既不是风动也不是幡动了，然而为什么它们都不动呢？我们不是明明的看到是动的吗？如何去解释呢？西方也有著名的飞矢不动的悖论。这里面也许蕴含着构建新的标准粒子模型的秘密。

我们研究基本粒子，离不开观测者和观测工具。我们的心是超级测量工具，可不可以假设成一台超级电影放映机或者超级照相机呢？放映机是发出去的功能，而照相机是接收的功能，我们的心也许是兼容了这两种功能的超级观测工具。

假设我们快速地把幡拍摄成许多的照片，这些照片都是静止的，并把它们做成胶片，只要连续地播放，间隔的时间足够短，我们就把幡动的过程给复制出来了。或许离开了心的观测，风和幡确实是没有动的，可以说是非动非不动的，只是在我们眼里，才会有动的概念。连动的概念都没有，速度有什么意义呢？在相对论中，在不同的参照系里，观测者所观测到的光速都是不变的。离开了观测来谈速度，是没有意义的；离开了观测来谈运动，也是没有意义的，因为运动是在心中的概念；离开了观测来谈超光速，也是没有意义的，根本不存在着超光速。这也是相对论的本质的含义，一切都是相对的，没有主客之分。

既然心是超级的测量工具，每个测量工具都有其测量精度，那我们的心测量精度是如何的呢？最小的测量时间精度为普朗克时间，比这个时间还短是没有任何意义的；最小的测量空间精度为普朗克空间，比这个空间还小的研究是没有任何意义的。这就构建了全新的时空观，时空离不开观测，而观测就有精度的限制。爱因斯坦曾经说过，时间和空间只不过是人类认知的一种错觉罢了。时间只是由于日月轮回，让人们有了错觉罢了，并不存在时间这个东西，想进行时间穿梭这个也是徒劳的，既不能穿越到未来，也不能穿越到过去，当下即是永恒。相对论中谈空间弯曲，是针对观测者和观测工具而言的弯曲。

2. 谈粒子离不开测量

波尔曾经说过：言必谈测量。测量主体是测量工具和测量的人；而心为测量者的主宰。所以说心为超级测量工具。如果把心和物分开来对待，就无法完成大统一理论。

我们先从波尔怎么说量子力学谈起吧。微观粒子（如电子）究竟是粒子还是波呢？波尔的回答是："一个电子是一个粒子还是一列波呢？这个问题在量子力学中是没有意义的。人们应当问：一个电子或其他客体是表现得像一个粒子呢，还是像一列波？这个问题是可以回答的，但只有当你指定用来测量电子的仪器装置时才能回答。"更进一步地，波尔认为，没有量子世界，而只有一个抽象的量子物理学的描述；物理学的任务不是去发现自然究竟是怎样的，它只关心我们对自然能做何描述。他的学生海森伯后来更直白："下述想法是不可能的，即认为存在一个客观真实的世界，其最小部分同石头或树一样客观存在，独立于我们是否观测它们。"

按照波尔的说法，光到底是粒子还是波呢？我们之前讨论过山中之花，爱因斯坦的月亮。我们已经知道，如果不去看石头和树，也非完全能够独立的客观存在的。但是不要误解了，虽然说不看不能称之为石头和树，可是还是有一物在那里的，没有颜色、没有大小尺寸信息，甚至连名字都没有。我们不能实际去看见微观粒子，就像我们没有实际看见月亮。只能够凭借测量的工具来了解的。光表现得像粒子，又表现得像一列波。所以，我们就说光具有波粒二象性。我们也许已经被教条所蒙蔽了，把光等同于波了。

我们都听说过盲人摸象的故事，我们看不见大象，只能靠我们的测量工具手去测量。手摸到了耳朵就说像扇子，手摸到了大腿就说像柱子。所以就会说大象既像扇子，又像柱子，有扇子和柱子的二象性。我们说大象有扇柱二象性。然而，大象只有这两种相吗？当用另外一个感官去观测的时候，又有了第三种象。用手去摸大象的身体的时候，像一堵墙一样。我们也许又会说大象有扇柱墙三象性了。而大象的实相是如何的呢？也许大家都很清楚了，都见过的。而光有波粒二象性，我们又不能缩小到光子那么小去观测，看不到光的实相。只能是说，光既像波，又像粒子。光是否跟大象那样有第三种象呢？这里面蕴含着量子理论最大的秘密。

3. 波粒二象性初探

前面我们谈到波粒二象性，这里面蕴含着什么样的秘密呢？爱因斯坦一直在思考光到底是什么？

前面谈到我们的心是超级测量工具，心一刹那一刹那的，最小的间隔时间是普朗克时间。既然如此，我们从宏观世界观测微观世界，从这个视角来看，微观世界是不连续的，这也就是量子理论里面空间不连续的根本原因。量子似乎也是在跳跃，而不是连续在运动的。我们想象一下，每隔普朗克时间拍摄一张照片，这些照片也不是连续的。

正是由于这种非连续性，所以就把光切分成了一份一份的光子。这样就使得光具有了粒子性，如果离开了观测，光也许是没有粒子性的。光的粒子性和观测者有直接的关系。苏东坡有一首诗，如果琴上有琴声，为什么放在匣子里面又不自鸣呢？如果手指上有琴声，为什么不在手指上听呢？我们说光具有波粒二象性，这是在我们观察者眼中是如此的。心和光的实相发生作用，而产生了我们眼中的光。心类似于手指，光的实相类似于琴，而眼中的光类似于琴声。而光的实相是什么，我们无法去知晓。我们说花有颜色，美不胜收，这只是我们观察者眼中如此的，而花的实相是什么，我们无法去知晓。我们作为观察者，如果花不再发出光，我们接收不到，也就是说花是一个黑洞，我们就无法去感知了。虽然无法直接看黑洞，可是我们可以通过观测工具来探测的。引力波就是由于互相纠缠的两个黑洞合并而释放出来的能量，而两个互相纠缠的黑洞互为阴阳。光子由阴阳一对光阴子和光阳子构成。正是由于光子由光阴子和光阳子共同组成，所以质能方程才有个光速的平方，一个光速对应于光阴子，另外一个光速对应于光阳子。光阴子和光阳子互相环绕着做太极运动。

既然光的粒子性和观测者有关，那么波动性和观测者有没有什么关系呢？粒子性由光的实相和观测者共同决定；而波动性应该也是由两者共同决定，正如琴声由手指和琴共同决定。观测者具有波动性吗？正如前面柏拉图的例子，那些被捆住的人在观察前面的白墙上的影子，他们也许不知道，有些影子是由自己造成的。而波动性是不是也是我们的影子呢？我们的大脑有脑电波，如果我们在深睡眠之中或者心静定到了极点，大脑所发出来的波动的频率跟宇宙背景的波动形成共振。光阴子和光阳子环绕着做太极运动，我们的心去观测的时候，心和光子实相使得光具有波动性。

波动性和粒子性互为阴阳，波动性携带信息，而粒子性赋予物体质量，并不是希格斯粒子阻碍物体运动而赋予质量。光子的静止质量为零，运动赋予光子质量。万物是由光子构成，所以运动赋予了万物质量。在爱因斯坦的质能方程中已经写清楚了，质量和光速有直接的关系。什么时候光子静止呢？答案是我们心静止的时候。树欲静而风不止，风就是我们的心。我们会感到震惊，心静止的时候，世界的质量为零。也许科学家拼命地要抓住救命稻草，期望希格斯粒子赋予物体质量，但是这也许就是宇宙和人生的实相。

如果单纯地推崇波动性，推崇超弦理论，这是讲了一个片面的，这是无法去统一描述宇宙的规律的。超弦理论只不过是指向月亮的手指而已，已经证明五种超弦理论都是等价的，都是指向同样一个月亮的。

4. 最小的基本粒子

我们花费越来越多的成本去建造巨大的粒子加速器，期望能够撞开粒子世界的大门。然而宇宙也许是小到无限小，而大到无限大的。人类不断地去追逐，如同夸父追日，何时是个尽头呢？现今科学每前进一步，所花费的代价极其昂贵。

我们要去构建新的标准粒子模型，首先需要找到最小的基本粒子单位。光在我们身边无处不在，而光子是不是就是这个最小的基本粒子呢？也许希格斯粒子根本不是什么上帝粒子，而光子才是名副其实的上帝粒子。科学家推演到了希格斯粒子，把希格斯粒子当作救命稻草了，希望希格斯粒子赋予其他粒子质量。由于科学家对于追究到了源头物质是无质量的，这个很难去接受。其实也没有什么难以接受的，爱因斯坦的质能方程中早就已经给出了结论了，质量可以转化为能量，而能量就是看不见摸不着的了。也许仅仅是叶公好龙而已，看到真龙了却害怕起来了。

光子的静止质量为零，而运动的质量为 hv/（c^2）（其中 h 为普朗克常数，v 为光波的频率，c 为光速）。光子由光阴子和光阳子构成，双光子危机也许和此有关。这是光阴子和光阳子加起来的质量，所以为两个光速的乘积。光子一般都是运动的，而静止只是理论上的。光子运动起来的质量也不是恒定的，由光的频率决定，有无数多种光子的质量。就像黑和白之间也是有无数个层次的，并不是非黑即白的。

然而光子静止质量为零，有无可能会静止呢？我们谈过风动幡动的公案，幡可以不动，难道光子就不能不动吗？其中的秘密是什么呢？是由于仁者心动而幡动，那是不是由于心动而光动呢？心有没有可能不动呢？也就是我们这个超级测量工具不动呢？如果心不动会有什么秘密发生呢？树欲静而风不止，庄子里面讲到大树有万种孔窍，有的像耳朵，有的像眼睛，有的像嘴巴；风吹大树而有万种音响。如果风止了，就万籁寂静了；如果心静止了，一切是不是就寂静了呢？光子也就静止了呢？风类似于心；万种孔窍类似于万物的实相；万种音响类似于我们眼中的万物，类似于五光十色的量子世界。我们也许会问，我们眼中的万物和万物的实相不是一个事情吗？不是的，指月的手指和月亮本身是不同的。我们观测的量子，眼中的量子和量子实相本身是两个事情来的。我们眼中的光是波粒二象性的，可是光的本身是什么，这个问题爱因斯坦思考了半个世纪。爱因斯坦曾经发问：天上的月亮果真不看的时候不存在呢？天上的月亮是爱因斯坦眼中的月亮，这个是观测的结果，这个结果是心和月亮实相共同作用的结果；就好像是心和花的实相共同作用的结果；就好像是手指和琴共同作用而产生了琴声一样。可是月亮实相到底是什么呢？假如月亮变成了黑洞，我们无法通过肉眼检测和观察了，那个黑洞就是月亮的实相。我们无法用肉眼去观测是什么形状，什么颜色。如果花朵变成了黑洞，我们也无法用肉眼观测了。

然而心有没有可能静止呢？心不在外，心不在内，而如何使得心静止呢？也许只有阳明先生格物致知的功夫可以做到的。一杯浑浊的水只要静下来，慢慢沙子就会沉降而澄清。九曲黄河本不黄。我们的心也是如此，这个高级的测量工具也需要去改善的。我们的心如同镜子，如果上面布满灰尘，如何能够测量得准万物的实相呢？如何能够照得见光的实相呢？眼睛最不了解的是眼睛，自己最不了解的是自己，心最不了解的是心本身。我们老是习惯用光去照亮探测别的物体，而光本身又用什么去照亮呢？也许只有我们的心。我们的心如同湖水，如果风吹动湖水荡漾，如此照出来的万物都在动；如果湖水平静了，照出来万物都是静谧的了。由此看来，我们的心可以进入静定，而心进入静定了，光子也会逐步静止，这也不是不可能的事情，有待去实证。光子静止了，质量就为零了。所以说最小的粒子质量为零，而运动起来就赋予了万物质量，并不是希格斯粒子的阻碍而赋予万物质量。这也就是质量产生的根本原因，不仅仅是生命在于运动，质量也在于运动。运动产生了质量。而物体运动速度到达了极致，也就是接近了光速，质量也就无限大。万物都是由光子构成的，万物都是由能量构成的。与其说是物理学上空的乌云，不如说是我们的心上的乌云罢了，我们的心是超级测量工具，需要改善测量工具的。积德行善就可以吹散心上的乌云，而使得心归于宁静。

光为什么如此特殊呢？为什么光的速度是最高速度呢？这也是和观测者有关的，由光本身和观测者共同来决定的。我们说心是超级测量工具，而前面也讲了测量工具有自己的精度。这个测量工具能够测量的最高速度就是光速。前面也谈过，如果离开了观测，来谈风动幡动是没有任何意义的，连动都是和观测有关，更别提速度了。速度也是和观测有关，如果没有观测，是没有速度这个概念的。由此看来是没有超光速存在的。质量也和速度相关，质量也和观测者相关。在相对论里面，当物体运动速度接近光速，质量将无限大。而物体的运动速度永远都无法接近光速；就像哥德尔定理那样，总有不能证真，也不能证伪的，只能无限地逼近；就像哥德巴赫猜想一样，只能是无限地接近，无法证真，也无法证伪；人工智能可以无限接近于人类大脑，可是永远都无法替代人类。为什么光如此特殊呢？爱因斯坦的质能方程中，物体具备能量和光速的平方相关。可以说物体和光有着千丝万缕的联系，物体是由光子组成的，光子就代表着能量。光子静止质量为零，而运动起来就是光速，光子运动质量为$hv/(c^2)$。

由此我们可以说，最小的基本粒子是光子，而不是希格斯粒子。光子才是真正的上帝粒子。光子是最基本的粒子，现在所发现的基本粒子都由光子组合而成。而光子由光阴子和光阳子两两组合而成。正是由于万物都是由光子构成，所以万物的速度上限就是光速。

5. 波函数坍缩

量子力学里面有个波函数坍缩的概念，在这里我们来对其本质进行初探。量子理论是从宏观世界观测微观世界的产物；相对论是从宏观世界观测宇观世界的产物。为什么都是从宏观世界出发呢？由于我们人生活在宏观世界，以自我为中心的参照系决定了。

我们说一切都是相对的，我们也可以以原子为中心，假如我们缩小到了原子内部。原子内部就有了自己的时空参照系，量子理论就不再适用了；而宏观世界的物理理论也许就能够适用了。假如我们站在宇观世界的角度看宏观世界。太阳系就如同一个原子那么小。太阳系半径/太阳半径＝原子半径/原子核半径。如此巧妙的关系，有点鬼斧神工了。而核力相当于地球上的万有引力，而统一了两种力。假如巨人要想了解太阳系，就要用地球般大小的基本粒子来轰击探测，刚好打中了地球，这是就知道了地球所在的位置，这就相当于波函数坍缩。击中地球的同时，也改变了地球运动状态。

波函数坍缩实质是观察者和外物实相发生作用的那一刻。手指触碰到琴弦的那一刻；观察者看到花的那一刻，如果不看花，花是孤寂的，如同黑洞一般。

我们的心如同一台高级照相机，每隔一段时间，比如普朗克时间，就拍摄了一张照片。拍摄每一张照片的那个时刻，就知晓了量子的状态，这就是波函数坍缩。量子运动到某个角度的时候，有一个胶片，这个就是量子的一个状态，这也是量子为什么会有不同的量子态的缘故。心如果没有观测光的时候，光没有坍缩，光可以说是没有速度的。谈速度也是没有任何意义的。正是由于观测者和光的实相共同作用，而产生了波函数坍缩，而使得光具备了波粒二象性。

6. 新的标准粒子模型初探

现有的标准粒子模型中，已经发现的基本粒子的质量和大小层次相差悬殊，却放在一起相提并论了。现有标准粒子模型并没有简洁而完美，宇宙是简洁的。该模型总感觉是七拼八凑起来的，不像 E8 模型或者我国的易经模型那样简洁而完美。我们需要借助心学构建我们新的标准粒子模型而指导进一步的研究。

前面我们知道最小的基本粒子是光子，更严格地说，是光阴子和光阳子，而光子的静止质量为零。质量随着频率的变化而变化。不同频率的光子有不同的质量。光子质量在 10^{-36} kg 这个数量级。远远低于标准模型中的许多基本粒子。

除了光子之外，其他的粒子都是有静止质量的，中微子有质量也是情理之中的事情了的。虽然其他粒子有静止质量，可是内部却还是在暗流涌动的。比如桌子虽然静止，内部还是不断在运动的，所以桌子质量不为零。希格斯粒子也是有静止质量的。由于我们的探测工具的问题，所以现在有许多基本粒子还没有被发现的。

现在的标准粒子模型存在着重大的缺陷，所发现的粒子质量处于不同层次，相差悬殊，不能完美地互为阴阳组合。宇宙是优美的，只是我们的观测被蒙蔽了罢了，变得支离破碎了。也许我们应该要重构新的标准粒子模型。西方科学家用 E8 模型来从几何学的角度做了一些积极的探索。然而数学的本质，几何学也只是工具而已，只是指月的手指而已。更全面的基本粒子模型可以说就是我国古代的八卦图和六十四卦图。光子由光阴子和光阳子构成。也许待日后证实就知晓了。科学家们发现的宇观世界的引力波由两个互为阴阳的黑洞形成，两个黑洞互相环绕着运动，如同阴阳太极图一样。基本粒子的组成，应该是像古代的《易经》那样优美和简易的，类似于八卦或者六十四卦，互相成对出现，互为阴阳。如果存在着大统一理论，古代的《易经》可以说是宇宙实相的大统一理论了。光阴子和光阳子作为基本单元构成了基本粒子，而基本粒子就组成了原子，原子又组成了万物。爱因斯坦的质能方程和光速有关，也就是和光阴子和光阳子有关。

我们来进行简单推算一下主要的粒子：可见光频率为（$3.8 \times 10^{14} \sim 7.9 \times 10^{14} \mathrm{Hz}$）。普朗克常数为（$6.63 \times 10^{-34} \mathrm{J \cdot s}$）。光子质量为 $h\nu/c^2 = (2.80 \sim 5.85) \times 10^{-36} \mathrm{kg}$。我们可以预测光阳子和光阴子的质量为（$1.40 \sim 2.92) \times 10^{-36} \mathrm{kg}$。根据科学实验，希格斯粒子质量为 $115 \sim 130 \mathrm{GeV}$，而 $1 \mathrm{eV}$ 等价于 $1.78 \times 10^{-36} \mathrm{kg}$，所以，该粒子质量为（$2.05 \sim 2.31) \times 10^{-28} \mathrm{kg}$。由此可见，希格斯粒子跟光阴子和光阳子的质量相差有 10^8 的数量级这么大。希格斯粒子还不能纳入到这个模型里面来，换句话说，希格斯粒子还不能称之为基本粒子，更别提上帝粒子了。电子质量为 $9.11 \times 10^{-31} \mathrm{kg}$，跟光子相差 10^5 这么大的数量级。已经检测到的中微子质量为 $1.30 \times 10^{-35} \mathrm{kg}$。中微子的质量层级跟光子差不多了，相差 10 倍。夸克的质量为 $5.58 \times 10^{-30} \mathrm{kg}$，跟光子质量相差很多个数量级。

太极生两仪，两仪生四象，四象生八卦。光阴子和光阳子构成稳定的光子，如同太极图。四象中，光阴子和光阳子有四种不同的组合方式。两个光阴子、两个光阳子、一个光阴子一个光阳子、一个光阳子一个光阴子组成。然而只有光阴子和光阳子组合的粒子才稳定。其他两种都属于孤阴不生，独阳不长，存在寿命极其短暂。同样道理，宇宙内根本不会存在磁单极子。最小的基本粒子为光子，质量为：$h\nu/c^2 = (2.80 \sim 5.85) \times 10^{-36} \mathrm{kg}$。一个光阳子和一个光阴子共同组成了光子。正是由于这个缘故，所以质能方程为光速的乘积。光子作为最小的基本粒子，也就是上帝粒子，不断地组合成粒子，构成万物。

在八卦中，有八种组合方式，粒子质量为：（$4.20 \sim 8.76) \times 10^{-36} \mathrm{kg}$。然而，这八种粒子都不稳定，不能稳定的构成物质。构成万物的是光子，也就是

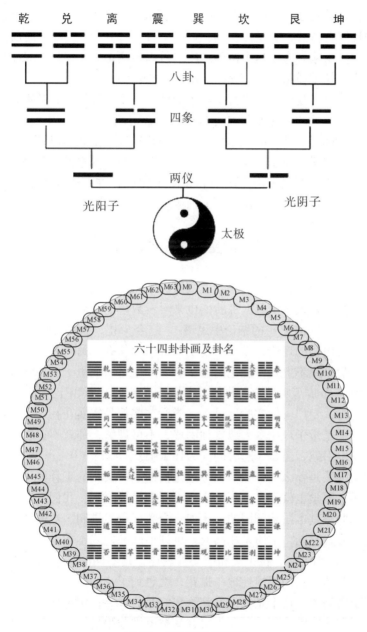

图 10　新标准粒子模型

一个光阴子和光阳子构成的基本单元。

　　在八八六十四卦中，对应着六十四个基本粒子（M0 ～ M63），如图 10 所示。M0 和 M31 互为阴阳，M0 由六个光阳子构成，M31 由六个光阴子构成，都属于不稳定的粒子。M30 和 M63 互为正反粒子。在该模型中两两成对出现。有六十四种组合方式，粒子质量为：$(8.40\sim17.52)\times10^{-36}$kg。而前面通过计算中微子的质量刚好介于这个范围之内。可以预测中微子由三个光子构成。两个光子构成的粒子质量为：$(5.60\sim11.68)\times10^{-36}$kg。

上面对于已发现的粒子进行了简单的计算对比。已发现的基本粒子还需要往更深层次去挖掘的，能够称之为基本粒子必定跟光量子的质量（hv/c^2）相差并不算太遥远的。现有的基本粒子与此相差甚远。由此可以看出，现有许多被称之为基本粒子的粒子，还可以继续分解下去的。基本粒子都是由最小的基本粒子光子构成。而光子由光阴子和光阳子构成，进而构成了这个多彩的宇宙。正如复杂的计算机世界由 0 和 1 构成。

7. 测量、数学的本质

既然言必谈测量，那我们来看看测量的本质是什么。既然我们离不开数学工具，离不开波函数等工具，那我们也来看看数学的本质是什么。

霍金在《时间简史》的结论中说道："迄今为止，大部分科学家太忙于发展描述宇宙为何物的理论，以至于没工夫过问为什么。另一方面，以寻根究底为己任的哲学家跟不上科学理论的进步。……这是从亚里士多德到康德哲学的伟大传统的何等堕落啊！"量子力学容易让人迷惑，所以宁可专门去进行物理、数学运算，专门去做实验好过了。毕竟这些都是实实在在的，而且看得见摸得着。特别是量子理论令人感觉到困惑，不可理解，那就不去想了。现在我们有阳明先生引路，还是一起去问问为什么吧。

数学的本质是什么呢？数学只不过是描述宇宙实相的工具罢了。如果离开了物质世界，数学也就不存在了。皮之不存毛将焉附呢？我们可以用不同的工具来表达，但是其本质是相同的。比如一个数字用二进制、八进制和十进制去表述，也许形式不同，本质是相同的。也许不同的公式本质上是等价的。比如"花"这个词，用英文、拉丁文和中文去表述，是不同的，可是本质上是指向同样一个东西的。我们习惯性地一提花，就想到了花的样子，于是语言文字的花就等同于实物了。这个是我们大脑给我们开的玩笑，蒙蔽我们了。

我们固有的思维很顽固，所以很容易被思维蒙骗过去了，我们没有能够察觉的。一直以来我们用注意力去观测宇宙，而没有能够观测自己；我们把功夫花在了改进测量仪器和测量方法上，而没有能够花些功夫去改进自己的心，而不要忘记了你的心也类似于观测仪器的。如果离开了观测来谈量子力学，就没有什么意义了。大脑很本能地把花这个词等价于实物的花了；很本能地把观测到的量子当做量子实相本身，但是也许两者是不同的呢？大脑本能地把数学、波函数等同于具体的实物的量子了。不管是语言文字、还是数学和测量，都容易被大脑蒙蔽的，将它们和宇宙实相直接画上了等号的。请注意这一点了，我们被大脑蒙蔽了，而且很隐蔽。古代经典中说，要离语言文字相，就是劝说我们要去摆脱这种大脑的蒙蔽。

20 世纪 50 年代初，爱因斯坦经常和物理学家朋友派斯在普林斯顿高等研究院的草坪上散步。有一天夜晚，在散步的时候，突然停住了脚步，回头问派斯道："你是不是果真相信月亮只有当我们注视它的时候才存在？"爱因斯坦和派斯的对话，表达了他对独立于观察、确定性实在世界的深深向往。然而，我们有没有被蒙蔽的地方呢？我们尝试去找找看。我想爱因斯坦指向这个月亮说用的应该是德国口音的英文吧。我们中文的月亮也是指向同样一个东西，英文也是指向同样的一个东西。而大脑偏向于把月亮这个词就等价于实物了，我们要摆脱第一层的蒙蔽。爱因斯坦的月亮和王阳明的山中之花是不是很类似呢？我们可以参照山中之花得出同样的说法的，这里就不长篇地赘述了。我们看见月亮有一定的颜色，有一定的形状，只不过是接收到了光波罢了，就有了特定的颜色；由于我们大脑中固有的对空间信息的先天综合判断（康德的说法），所以就有了形状显现。爱因斯坦曾经说过，时间和空间是人类认知的一种错觉而已。我们是被自己的眼睛给蒙蔽了，也就是被我们的观测工具给蒙蔽了。对于山中之花，天空中月亮尚且如此，对于微观的量子，我们难道不被蒙蔽了吗？古代经典有一句话：指月之指非明月。假如有一位高人能够看见月亮，就用手指指给我们看。可是，我们不管如何努力睁大眼睛，还是看不到月亮。我们也许就会固执地把手指当作月亮本身了。语言文字、数学工具、波函数就是我们所说的手指，我们也许会固执地把波函数当成量子本身了。天上的月亮我们看不见，类似于微小的量子世界我们看不见，只能够去借助测量工具的。可是测量到的量子，我们认识到的量子并不能等于量子的实相本身。比如我们说光子有波粒二象性，这也只是我们认识的结果，而不是光子本身就是如此的。我们看不见月亮，可以测量月亮照下来的影子，测量亮度、测量影子的形状。我们会觉得很奇怪，这个月亮有时像镰刀、有时像个圆饼。在秦淮河中有月亮、在塞纳河中也有月亮。虽然两地相距十万八千里，可是秦淮河的月亮一变圆，塞纳河中的月亮也同时会变圆了。我们就会很纳闷，难道是存在鬼魅般的超距作用吗？难道是瞬间互相通讯了吗？我们也许就会去想尽办法去做实验，包括物理隔离它们，断绝它们一切可能的联系，可是还是如此。我们就称之为幽灵了，以为是见鬼了。如果我们在月亮上用一块嫦娥的剪纸遮住了，秦淮河和塞纳河的月亮就变成了嫦娥的倩影了，我们也许会更加觉得见鬼了。这怎么那么像物理学家史砚华所作的幽灵成像实验呢？当然原理上有些不同，幽灵成像实验是两束相关的偏振光，一束去探测具体的物体，另外一束相当于备份起来，两束光再合在一起进行相关性的符合计算，就可以成像了。现在的量子照相机，量子雷达也是如此应用的。当然月光也有点类似，月亮类似于纠缠光源，而分成不同的两束光，一路照向秦淮河，一路照向塞纳河。同一来源的月光还是有一定的相关性的，所以月亮投影有相关性。并不是真的有鬼，而是存在着心鬼，我们的心被蒙蔽了。我们把月亮的投影当作月亮本身了，我们把物体的影像，当作物体的本身了；我们把宇宙的影像，当作宇宙的实相本身了。我们就称两地的月亮互相纠缠，是不是有点类似于量子纠缠呢？实际上本来是没有纠缠这个事情的，只是人类大脑被蒙蔽了。当我们登上月亮时，看到了月亮的实相，就觉得和眼中的月亮还是很大的不同的。

8. 定律、定理和模型的本质

我们前面探讨了测量的本质、数学的本质，我们来看看定律、定理和模型的本质是什么。霍金在《时间简史》的前言中说道："这和描绘地图表面很相似，人们不能只用一个单独的地图，而不同的区域必须用不同的地图。这就变革了我们的科学定律统一观，但是他并没有改变更重要的一点：一族我们能够发现并理解的合理的定律制约着宇宙。"前面我们探讨过，从宏观世界的视角，去测量量子，去用量子理论来描述量子，这个是一个地图的；以宏观世界的视角，去测量宇观世界，去用相对论来描述大尺度宇宙，这个又是另外一个地图的。这两张地图视角不同，不能强制性统一的，也是没有意义的。模型也只是指向实相的工具而已，只是指向月亮的手指而已，标准粒子模型也是如此。

我们知道山中之花可以当作一个小宇宙；原子可以当作一个小宇宙；以接近光速飞行的宇宙飞船可以当作一个小宇宙。甚至光子本身也可以作为一个小宇宙，爱因斯坦浪漫地幻想骑着光子旅行，以光子为参照系，就有了属于光子的时空。不同的小宇宙有自己独立的一个参照系。这个就打破了时空的绝对性，什么都是相对的，而什么都是相互联系的。探讨一个小宇宙，离不开测量，离不开观测。不同的小宇宙有自己独立的一套参照系，一套时空体系，独立的定律定理，如此就不会强制性的把不同的宇宙，特别是不同层次宇宙，不同的视角的图像统一在一起。这也就是爱因斯坦不能将物理学实现大统一的缘故。定律、定理的本质是在相应的小宇宙中谈才有意义。这也革新了平行宇宙和多宇宙理论。量子理论是从宏观宇宙观测微观宇宙得来的，形成的定律、定理。想象一下，假如我们把自己缩小到进入原子内部，以原子内部为参照系来做实验，量子理论就不适合了。

定律、定理本质上是限制和制约着宇宙的。万物必然会有其限制，如果没有限制，也就不存在万物了。如果没有万物，对应的限制也就不存在的。万物和限制互为阴阳。比如如果没有河堤，河流就会奔流而出，很快就干涸了，也就不存在河流了。如果没有地球的轨道限制，地球也就不能孕育生命了，也不能称之为地球了。量子纠缠互相之间的关联，也是一种互相限制的。如果对其中一个量子进行测量，波函数就坍缩了，纠缠也就停止了。然而定律、定理有没有可能独立于宇宙之外存在呢？这是不会存在的，皮之不存毛将焉附呢？正如佛法在世间不离世间觉。有人说宇宙诞生之初，甚至是没有诞生之前，就已经有定理定律存在了，这个是不对的。定律、定理是伴随着万物的衍生而生成的，如同莲花开放，是花果同时的。有了地球，就形成了有关地球的定律定理；有了石头，就形成了有关石头的定律定理。这两者是同时的，合一的，正如阳明先生的知行合一。先有鸡还是先有蛋，这个千古谜题，两者也是同时合一的。现在的鸡并不是以前的鸡，现在的蛋也不是以前的蛋，两者也是同时的，也是合一的。对于莲花来说是花果合一的，我们看这朵莲花的时候，就形成了莲花美丽的这个影像，这个结果。可以说观看和结果是合一的。爱因斯坦看月亮的同时，月亮就在他心中展现出来月亮的样子了，可是月亮的实相是看不到的。我们测量量子，而得到量子的描述这个结果，可以说是合一的。

9. 结束语

通过阳明心学和《易经》，尝试通过我国古代的八卦图、八八六十四卦图构建了新的标准粒子模型。

心是超级测量工具，而测量工具都有测量精度。最小的时间为普朗克时间；最小的空间为普朗克空间；最快的速度为光速。正是由于测量精度有最小的时间，所以测量是不连续的，这也是粒子运动不连续跳跃的根本原因。这也是粒子有许多种状态的缘故，每次观测都取得粒子一个侧面的影像，比如电子就有 26 种这种影像。心一刹那一刹那，如弹指之间。光的实相和心的共同作用，赋予了光的粒子性。光子为构成粒子的最基本粒子，光子由光阴子和光阳子组成。未来会证实光子构成其他基本粒子的机制。

旧有标准粒子模型中存在着一个致命的质量缺陷，新模型中予以解决。光子的静止质量为零，运动赋予了光子质量，运动赋予了万物质量。阳明先生致良知的功夫，可以使得心归于静定，心静了，光子就静了，得到了令科学家惊讶的结论，宇宙的质量为零。这个也是科学家研究希格斯粒子所不能接受的，拼命抓住了救命稻草，期望希格斯粒子赋予万物质量，这个也许是错误的。

　　其实也没有什么好惊讶的，我国古代就有关于风动幡动的公案，不是风动，也不是幡动，而是仁者心动。西方也有著名的飞矢不动的悖论。心动万物皆动，正是由于运动赋予光子质量，而光子构成万物，万物就有了质量，这也是宇宙无中生妙有的机制。这也许就是霍金所寻求的宇宙精神。

第四章 解密量子理论

1. 无字天书

鬼谷子有一部无字天书。语言文字是一个小宇宙，有语言文字时空；数学是一个小宇宙，有数学时空；量子理论是一个小宇宙，有量子理论时空，也是属于现象时空。如果跳出语言文字的束缚，这叫离语言文字相，也就是鬼谷子无字天书的深层含义。

如何读懂量子理论这部无字天书呢？先从一个小故事讲起。

这几天冥思苦想的时候，今天心情豁然开朗了。几个星期以来，压抑在心头疑问几乎都烟消云散了。正所谓大疑有大悟，小疑有小悟。也许思虑过多，和女儿有心灵感应的缘故。昨天刚好是我的生日，七岁的女儿突然走到我的面前，送给我一个小礼物。她说她在学校写的，送给我。我猛然一看，心中惊喜，怎么这么巧合。原来看到一张纸条上面，顶端写着一个"字"字，下面全部都是波浪式的简单图形，似乎是很多的简谐波。我开始相信亲密关系有类似于量子纠缠那样的事情了，相互之间是心心相印的。

我数了一下，从上到下，总共有十七个波形。我好奇地问她，这是什么。她告诉我是字。我问为什么这是字呢？一点规律都没有。她很认真地说，这的确是字。她跟我讲了，比如第一个代表鸡，第二个代表马……。我心中很高兴，在量子理论领域，我就像女儿一样，也是说真话的孩子。只是把皇帝的新装这个谎言给说破罢了。至于大人们信不信就不管了。

女儿这是说的真话，也跟鬼谷子的无字天书是相通的。说白了，在女儿那里，是破了语言文字相的，也就是跳出了语言文字时空了。当然随着世俗学习的深入，又会有所知障，以后她会拿到本科的文凭，就失去说真话的能力了。她也会跟着我们说着言不由衷的话，用谎言来验证谎言了。她不止这次说过这样的真话。之前她突然跟我说，药片为什么放在舌头上面就有苦味，吞在喉咙就没有苦味了。正所谓有苦就有甜，无苦就无甜。无善亦无恶，无大亦无小，无动亦无静。这是需要内心实证的，并不是道理上理解这么简单。内心实证就需要顿悟。

我们可以用不同形状的符号来代替现实世界的自在实体。这就是语言文字的本质所在。自在实体在语言文字也有无穷的投影。投影在阿拉伯世界就是阿拉伯语；投影在古代印度就是梵文；投影在中国就是汉字。一个自在实体对应于万种文字，万种文字都是描述一个自在实体。正如一万个人指向同一个月亮实体，但是指月之指非明月。

一个自在实体可以对应于万种数学工具。比如，目前有三种公认的表述：薛定谔方程、海森伯的矩阵力学和狄拉克的算符理论，并且在数学上是等价的。经过观测原子，从自在时空一下子坍缩变成了现象时空，产生了电子这个现象实体，也产生了波动这个现象实体。把时域空间中的波动进行叠加，进行数学运算，可以得到频域空间的电子轨道，电子云图。从波动影子的合成，可以推导出薛定谔方程。薛定谔方程、电子云图和电子轨道本质上都是在现象时空，都是在频域空间。

超弦理论的五种数学理论已经被证明是等价的。如果要破解量子理论，需要跳出数学时空，跳出语言时空。数学也是一个世界，语言文字也是一个世界。所以我们要离数学相，离语言文字相。这当中有浓浓的禅意。西方有一句话：人类一思考，上帝就发笑。人类的思考只是在语言文字里打转罢了，只是在语言文字时空，并没有能够脱离语言文字相。

当物理学步入禅境，一切皆有可能。

2. 叠加态解密

叠加态就是有几种本征态叠加在一起的粒子状态，就好像是喜怒哀乐未发之中，这时这个状态是不确定的，只有当进行一次测量的时候，才会呈现一个被测量到状态，可能是它的任何一种本征态。可以说，测量的同时，创造了量子的一种状态，创造了一个投影视图。而叠加态就是多个投影视图的叠加。我们用薛定谔方程所描述的对应于频域空间，也就是概率空间。请注意，这个是量子理论最大的秘密，虽然很简单，但却是破解的关键所在。无穷个本征态，可以通过薛定谔方程变换到了频域空间，用电子云模型来进行描述。当我们去观测电子的运动时候，一下子就把我们拉回到时域空间。同时从自在实体，生成了现象实体。正是由于这些假象混合在一起，造成了量子理论的困难。而波动状态的叠加，本质上是概率的叠加，并不是像时域空间中，波的互相消长。这当中蕴含着量子理论最高的秘密。

我们知道，任意一个时域的波形都可以分解为振幅不同的正弦波的叠加，这个就是傅里叶变换。而薛定谔方程是将时域无数多个波动进行叠加，形成了频域空间中电子运动轨道，形成了电子云图。一可以变成无穷，无穷可以变成一。

　　一缕太阳光经过三棱镜，可以分出七色。未经过三棱镜之前，可以称之为光藏。一心面对外境，可以分出七情六欲，有喜怒哀乐。然而，喜怒哀乐未发可以称之为中，可以称之为心藏。一根竹管未开孔的时候，可以作为定音器使用，看似只有一个音，可是其中蕴含着五音，可以称之为音藏。对于量子也是如此的，在没有测量之前，如同喜怒哀乐未发，如同在于中的状态，这种状态可以称之为量子叠加态，还没有坍缩。量子叠加态，可以称之为态藏。一旦测量，量子坍缩了，同时就创造了量子的状态了。测量就好比是三棱镜，可以将量子的叠加态分离，创造出量子的特定状态，创造了投影视图，得到了波动影子。观测是在时域空间，所谓的坍缩，本质上是从概率空间、频域空间转换成了时域空间；从自在实体生成了现象实体。

　　用薛定谔方程可以描述原子系统波动的投影。每一次测量可以得到一个波动投影，不同的波动投影可以线性叠加。叠加的过程，就是从时域空间变成频域空间的过程。薛定谔方程具有线性形式。态叠加原理是量子力学基本原理，它说明了波函数的性质。如果 $\psi 1$ 是体系的一个本征态，对应的本征值为 A1，$\psi 2$ 也是体系的一个本征态，对应的本征值为 A2，根据薛定谔方程的

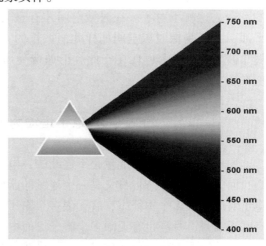

线性关系，$\psi = C1\psi 1 + C2\psi 2$ 也是体系一个可能的存在状态。我们从傅里叶变换那里知道，再复杂的波动都可以由频率不同的正弦波叠加而成。爱因斯坦的月亮可以投影在塞纳河，也可以投影在秦淮河。千江有水千江月，如果把所有的月影线性叠加，这类似于量子态的叠加。然而，月影并非月亮实相本身，月影是二维的，而月亮是三维的。同样的道理，原子系统是三维的，而量子态是二维的。在时域空间中的一，可以变成频域空间、概率空间中的多；在频域空间、概率空间中的一，可以变成时域空间的多。一即是多，多即是一。一即一切，一切即一。有时一句话顶一万句话，有时一万句话不如一句话。一语兴邦，一语亡国。这是大自然的鬼斧神工之处。

　　量子态的叠加本质上并非量子实相本身，而是量子运动影子的叠加罢了，是从时域空间变成频域空间的过程。而我们却把频域空间、概率空间的电子云

当成了电子运动的实在，这是最大的谬误！这是最大的骗局！大道至简，我只是像个孩子，面对皇帝的新装，不小心说了实话罢了。也许如同飞瀑下鱼鸣，闹市中人语一样，人微言轻，无法唤醒沉迷于量子理论的人们。请注意，为什么这么艰难呢？第一，观测的时候，观测者和电子自在实体综合作用，产生了现象实体，这是从自在时空向现象时空的转换；第二，电子云图、薛定谔方程都是在频域空间，也就是概率空间，观测所获得现象实体是在时域空间，我们把两个空间等同了，给搞混淆了。

其实教科书中所说的电子运动轨道，实际上并非真实的轨道，而是在概率空间，也就是频域空间中的轨道。电子真实的轨道是椭圆形的。在时域空间中的轨道是椭圆形的。在现象时空中，如果以宏观世界为参照系，原子也在运动当中，电子的运动是螺旋运动，但是螺旋运动并非实相。请注意，电子轨道是频域空间，也是概率空间，只能通过质点来描述。如果把电子当成一个自转的小球，这就不对了。在时域空间才有意义。概率空间、频域空间中波动的干涉，并不是像时域空间那样此消彼长的，而是概率的叠加罢了。单电子双缝干涉当中，秘密也就在于此。正如费曼所说的那样，这是量子理论的心脏所在。

3. 电子运动为何跳跃

原子中电子跃迁时能量是不连续的，电子同时对应无限多彼此独立的本征态，而每一个本征态自身又是一个连续的函数。本征态如同电子的影子，一个电子对应无限多个本征态，有无限多个影子，这个也是可以理解的。正如千江有水千江月，月亮也有无限多个影子。而电子的本征态、影子都对应于现象实体。而薛定谔方程是描述这些影子，描述这些现象实体的，并非描述电子的真实运动的，并非描述自在实体的。薛定谔方程将电子运动的投影转换到了频域空间，也就是概率空间。正是假象迷惑了世人的眼睛，所以把量子理论搞得高深莫测。量子理论可以计算，但不可理解。计算是行，西方科学走太快了，以至于灵魂没跟上，未能知行合一。

真相是极其简单的，原子系统的自在实体如同太阳系那么经典，那么简单。心去观测原子系统的时候，心观测的一瞬间，就产生了现象实体，而我们眼中的电子也是现象实体。观测一次，现象实体电子就出现一次。我们的心也是一刹那一刹那的，并非连续的，如同放电影一样，所以电子的现象实体运动并非连续的，而能量也并非连续的，也是一份一份的。前面我们已经知道，要从时域空间变换到频域空间，就需要每隔一刹那，获得一张波动的影子，再转换成概率空间中的点。从而形成电子云图。

请注意，原子系统中，电子的自在实体是很乖的，连续地围绕着原子核做椭圆运动。只是由于我们不听话，老老实实致良知，所以看着电子就调皮了。我们知道时间、空间、长度是现象实体；速度为长度除于时间，所以速度也是现象实体，我们眼中的速度并非真实存在，速度并非自在实体。爱因斯坦的相对论中，质量与速度有关系，所以质量也是现象实体，并非自在实体。至此，微观运动的不连续性有了圆满的解决。

说到这里，相对论也需要重新去理解了，当然这里并不是否定相对论。相对论也仅仅是描述现象实体中的理论，而我们做实验，也是在验证现象实体罢了，并非验证自在实体。我们做实验，只是在用谎言验证谎言罢了。所以相对论也是关于实用主义的理论。爱因斯坦和波尔进行辩论，说量子理论是实用主义，是绥靖主义，可是他也许万万没有想到，他所建立的科学王国，也是在现象实体之上的。理论建立在流沙之上，再精妙也如同空中楼阁。

4. 尘封几十年的秘密

在《量子力学概论》中说道："观测者不仅扰动了被观测量，而且产生了它……我们强迫粒子出现在特定的位置。这种观点被称为哥本哈根学派解释。它源于波尔和其追随者。在物理学家中是被最广泛接受的观点。可是注意，如果这种观点是正确的，测量的作用将非常独特——对其争论了半个世纪但少有进展。"看来哥本哈根学派的解释支持我们以上的观点。王阳明的山中之花，爱因斯坦的月亮，公孙龙的白马和石头等这些公案，都蕴含着测量的最大秘密。如果能够突破这一点，就能够找到最终的答案了。

从上面的讨论中，观测原子的自在实体的时候，观察者和电子自在实体综合作用，产生了现象实体，得到简谐振动。这是第一个时空转换，从自在时空转换成了现象时空。

在现象时空中，将各个方向的简谐振动，波动的影子进行叠加，就得到了薛定谔方程，得到了叠加态，得到了电子运动轨道，得到了电子云图。这是第二次转换，从时域空间转换到了频域空间、概率空间。虽然时域空间、频域空间和概率空间也在现象时空中，但是经历这两次转换后的电子，已经是面目全非了。这样怎么能不迷惑呢？量子理论就是这样层层叠叠地在现象时空中忙活，在频域空间、概率空间中忙活。用越来越复杂的数学工具来描述，越来越让人难以理解，而且不允许别人问什么。物理学把数学搞复杂了，也是误入歧途的主要原因。

也许有人会问，难道就这么简单吗？不要低估了这里面的难度。我来打个比方，关于爱因斯坦的月亮，多少年来科学家们争论不断。关于公孙龙的白马非马，争论了几千年。从我自己逐步领悟解密量子理论的心路历程来看，突然又领悟多了一些，柳暗花明又一村。可是，又有新的未解的谜团压抑在心头，这种好奇心吸引我一步一步走到了这里。

如果要理解，需要跳出现象时空，把现象时空和自在时空分离。这就是离相。但是，这个又不是那么容易的事情。外离相即禅，内不乱即定。所以，离相是无上甚深之禅。做到离相并不是道理上说的这么简单，需要内在实证，也就是得道。王阳明先生在贵州龙场那里发生的事情就是得道。孔子说，朝闻道，夕死可矣。孔子把道看得比性命还要重要，可以说道就是真理。这也是为什么使得西方困惑几十年的深层原因。东方传统文化的回归，就能够破解量子理论的层层迷雾。

正是由于物欲的遮蔽，使得我们看不到自己本心的光芒。只有致良知，才能够恢复本心。物理学上空的乌云，实际上并非物理学本身复杂，而是人心复杂，自己迷惑了自己。人最难超越的就是自己。眼睛最难看清眼睛。在数学时空难以脱离数学时空，在现象时空难以脱离现象时空。

不识庐山真面目，只缘身在此山中。乱花渐欲迷人眼，浅草才能没马蹄。大道至简，大道都是最简单最简易的，只是世人不知不识别，不信罢了。只需要按照阳明先生所教诲的那样，这就是霍金所要找的终极精神所在。

5. 电子的倩影

我们研究最简单的原子模型，氢原子的波尔行星模型。在自在时空中，电子围绕着原子核做椭圆运动。为了方便理解，我们不用复杂的数学语言，而是直接来看看波动影子的物理意义。

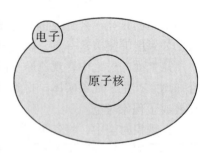

（1）固定平面和南北极

我们绘制电子投影图，首先考虑电子在一个平面内的影子。而在一个平面内，我们先固定了南北极进行绘制，然后再让南北极进行转动，就可以得到该平面内电子所有的影子。电子在各个角度上的投影，有各种形状，从直线段到各种扁化程度不同的椭圆。这些都是电子的倩影。顺着电子的运动轨道平面观测，电子运行轨道似乎是条直线，沿着直线来回震动。

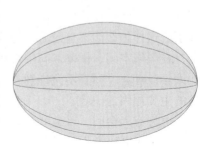

薛定谔的《生命是什么》中讲，物理学是关于影子世界的学问。对于电子，我们也只是捕风捉影罢了。观测电子的自在实体的时候，电子的自在实体与观测者共同作用，产生了电子这个现象实体。用王阳明先生的话讲，意在于电子自在实体，于是就有了电子一物。从图中我们可以想象，电子的投影在一个平面里面是密密麻麻的，为了美观起见，并没有完全把所有的投影画出来。

（2）固定平面、南北极转动

在任意一个角度都可以绘制电子影子。在同样一个平面中，这些影子进行叠加的时候，如果东西极的影子跟南北极的影子进行叠加，数学上可以表达为互相垂直的正弦波的合成。用图形表示，本质上是这些影子的交叉点。这些影子的交叉点上，电子出现的概率就大。

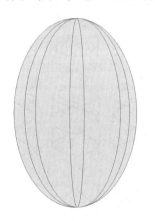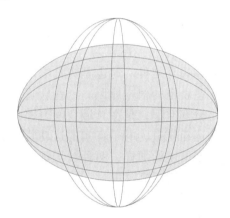

（3）不固定平面

前面讨论的仅仅是一个平面，假如在所有平面中重复这一过程，交叉的点就可以得到电子云图。这一过程，可以用数学工具进行模拟。

6. 垂直影子合成

电子围绕原子核做椭圆运动，椭圆运动的投影可以得到大大小小不同的椭圆影子，用数学来描述，可以投影成正弦波，如图所示。转化成正弦波，我们可以用数学代数语言来描述影子合成的过程。

互相垂直的两个波动的影子的合成，可以得到美丽的李萨如图形。而特定的李萨如图形是三维电子运行轨道在二维的投影。我们先看看简单的李萨如图形的合成过程。

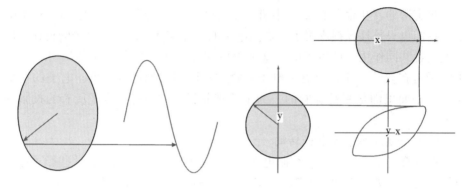

关于互相垂直的简谐振动的合成，我们需要说明以下两点：

（1）关于电子轨道边界

互相垂直的简谐振动的合成，可以得到电子运动轨道的边界。因为任何其他角度的简谐振动的合成，都要落入这个边界之内，不能超越边界之外。这也是为什么电子不能超越这些轨道的根本原因。这些轨道的物理意义是概率空间，是在频域空间，并非电子真实的运动轨道。电子真实的运动轨道正如波尔模型描述的那样，两种转道都正确和等价，可以互相转换。

（2）关于电子轨道本质

合成的过程是概率波的合成，并非时域空间波的消长。电子出现概率比较高的地方，所得数值就高。前面我们曾经探讨过单电子双缝干涉的本质，也是概率波的叠加。这是在频域空间的叠加，并非在时域空间的叠加。互相垂直两个方向上的简谐波合成，能够得到电子轨道的边界。李萨如图形的美妙，对应于电子运动轨道的边界。因为其他任意方向的简谐波合成，都会落入到这个边界之内。

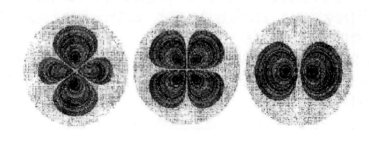

7. 波动的合成

无数个波动影子的叠加，也是无数个本征态的叠加，这就得到了薛定谔方程。有了互相垂直的简谐振动合成的基础，我们再讨论任意方向的简谐振动的合成。

任意一个简谐振动可以分解成两个互相垂直的同频率的简谐振动。任意一个简谐振动总可以分解成两个或多个同方向的简谐振动。基于这两点，我们可以用数学讨论任意方向两个同频率简谐振动的合成。我们可以通过计算机来模拟从波尔行星模型得到电子云图，电子轨道的过程。

可以从波尔行星模型，电子椭圆运动投影得到无数个不同方向的简谐振动；再将这些简谐振动进行合成，这是概率的合成，就可以得到教科书中电子的运动轨道图，得到电子云图，这就是薛定谔方程解的物理意义。请注意，电子轨道图是频域中的图形，所以跟电子运动的真实情况大相径庭。这是频域中电子运行的轨道。但是，两者也是可以互相推导的，也是可以理解的。

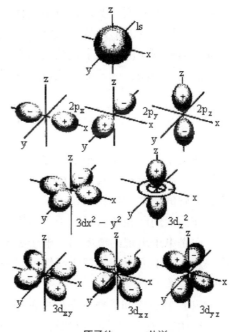

原子的s、p、d轨道

8. 电子运行轨道

量子理论中所说的电子运行轨道，是在现象时空中的产物，也是在概率空间、频域空间。而在自在时空中是很简单的，电子真实的运行轨道是椭圆形的。两种轨道都正确，可以互相转换。

电子绕原子核做椭圆运动。观测电子的真实运动，可以得到无数个各个角度的轨道影子。

将这些影子叠加有各种办法和工具。第一种，可以绘制椭圆投影，然后进行叠加即可，两两相交的地方就是电子出现概率比较大的地方；第二种，用数学方法，椭圆投影成波动的影子，从几何的角度进行叠加，可以得到李萨如图形；第三种将波动的影子，从代数的角度进行叠加，从而得到薛定谔方程。这些方法和工具都是等价的，只是表达方式不同罢了。

薛定谔方程的解就可以得到电子云图，得到电子运行轨道了。

观测电子一瞬间，从自在实体变成了现象实体，产生了电子这个现象实体。从自在时空切换到了现象时空。电子运行轨道的投影，产生了波动的影子，然后进行影子的叠加，这就转换到了概率空间、频域空间了。电子运行轨道是频域中的轨道。所以，看不出什么规律。

任意形状的波形，从时域空间经过傅里叶变换，可以得到有规律正弦波的叠加。而有规律的无数个正弦波的影子叠加，在时域空间进行叠加，形成了无规律的电子云图，电子运行轨道，这就变换到了频域空间、概率空间。

9. 测不准原理解密

在量子力学里，测不准原理表明，粒子的位置与速度不可同时被确定。哲学认为，不可能被观测的值相当于不存在，因此，根据量子力学，不存在同时拥有准确的速度和位置的粒子。

前面我们已经解密了电子云得出的过程。电子云并非真实的电子运动轨迹图，而是电子出现的概率图。电子云本质上是在频域空间，是概率空间。基于这一点，测不准原理是理所当然可以得到的了，甚至这个概念是多余的，属于画蛇添足罢了。

（1）频域空间、概率空间中的电子

在频域空间、概率空间中，可以知晓电子的位置，但是不能知晓电子的速度。在频域空间说时间、速度，这是没有任何意义的。

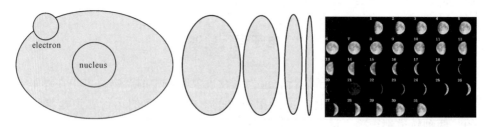

电子运动轨迹示意图

前面我们已经分析过了，在自在时空中，电子围绕原子核做椭圆运动，这个椭圆不是太扁，近似于圆周运动。在各个方向和角度的投影，从一根线段到一个正面的近似圆，都有可能，如上图所示。这就好比是月亮之影的盈缺变化。薛定谔的《生命是什么》一书中有提到，物理学是关于影子世界的学问。王阳明先生有一首诗："山近月远觉月小，便道此山大于月。若人有眼大如天，当见山高月更阔。"原子离我们很遥远，所以就觉得电子很小。假如我们缩小钻入原子内部，就可以见到别有洞天了。电子如行星一样围绕着原子核做椭圆运动。

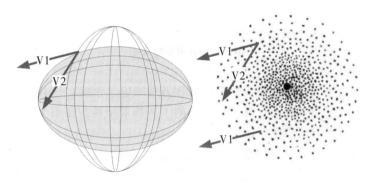

电子频域空间示意图

如上图所示，在频域空间，没有时间概念，也就没有速度的概念。电子云只是数学上的一个点。量子理论习惯于建立在频域空间，所以都是用质点来表示电子。但是，电子实际上有大小，类似于地球，有公转也有自转。简单地用无尺寸的质点来描述电子，这是量子理论遇见瓶颈的根本原因之一。

在频域空间，假如知道了电子的位置，在该位置上各个方向运动的电子进行概率叠加，各方向的速度都有，而且速度大小不同，如何能够知晓电子的速度呢？比如上图中，某个位置由 V1、V2 等不同速度的电子投影叠加而成，当然还不仅仅是这两个速度，只要是投影在那个位置的，就可以给该点增加一分，增加电子在该点出现的概率。

因此，我们说在频域空间，就可以知道电子的位置，但是不能知道电子的速度。

（2）时域空间中的电子

在时域空间中的电子，围绕原子核做近似于圆周运动的椭圆运动。由于原子有震动，从不同的角度观测电子，电子的运动散落在椭圆球的表面上。电子在椭圆球的表面每一个点都有可能出现。同样的道理，我们在太阳系外面观测地球，在各个角度来观测，地球也似乎运行在一个大椭圆球的面上。如下图所示，这一点可以想象吧？

也许有人会问，为什么频域空间是概率球，而时域空间只是运行在椭圆球表面呢？那是由于频域空间是各方向投影的叠加，而时域空间中并未投影。我

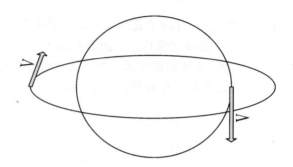

电子运动在椭圆球表面

们知道，在量子理论中，可以用波函数模方代表电子密度。这其中已经隐含了时域空间中，电子是运动在椭圆球表面的了。如果是运行在整个球体空间，应该用波函数模立方代表电子密度。

在时域空间中，可以用球模型来研究电子，而不是质点模型。也许有人会反驳问，电子表面线速度会超光速了。但请不要担心，高速运转的电子，自转的表面线速度很快，产生了相对论的尺缩效应，半径会缩短，不会超越光速。由此可见相对论可以用于微观世界。同样的道理，从太阳系外观测，也可以用薛定谔方程描述行星的运行规律，量子理论可以适用于宏观世界。这就统一了相对论和量子理论。

在时域空间中，知道了电子的速度，但是在椭圆球的表面，许多地方电子运动的速度都是相同的，都是速度 V，如图所示。所以仅仅知道了电子的速度，电子的位置是不确定的，许多地方的电子速度都是相同的。

（3）测不准原理是多余的

通过以上的分析，我们知道在频域空间、概率空间，我们可以知道电子的位置，但是不知道电子的速度；在时域空间，我们可以知道电子的速度，但是不知道电子的位置。这就是所谓的测不准原理。由此可见，这个概念也没有错，但是的确是多余的。这就破了测不准原理的相。

在两个不同的时空中作谈，如同对牛弹琴的，就好像是鸡对鸭子讲话。用手可以摸到石头的坚，但是得不到石头的白；用眼睛可以看到石头的白，但是不能得到石头的坚。坚和白在不同的时空中，不能同时出现；正如速度和位置在不同的时空中，不能同时出现一样。知道了石头的坚，就不能知道石头的白；知道了石头的白，就不能知道石头的坚，从这个角度来看，石头也是测不准的，这是同样的道理的。要这么说，我们的先祖公孙龙子在几千年前就发现了测不准原理了，而不待西方科学家发现了。由此可见，我们提文化自信并不是盲目的，是有真凭实据的。

西方科学家太习惯于停留在频域空间计算和思考问题，观测电子的时候，一下子从习惯的频域空间切换到了时域空间，从所谓的非经典切换到了经典时空，不知道如何解释，所以称之为坍缩。量子理论也没有错，频域空间和时域空间是可以通过数学工具互相转换的，也是等价的。电子在频域空间中展示的不规则轨道，和时域空间中的椭圆轨道是等价的。只是由于西方科学家走得太快太急了，把灵魂落下了一百年，无法知道为什么，无法理解量子理论。我们需要用东方文化去破解量子理论，灵魂就可以跟上来了，就可以做到"知行合一"了。

也许有人会反驳说，道理有这么简单吗？我就像皇帝的新装故事里的那个说真话的小孩子，就是这么简单。量子理论就是要讲得妇孺皆知。宇宙的真理就是最简单，最简易的。简单到难以置信。

电子真实的运动情况是如同波尔行星模型那样的，电子并不是测不准的，可以精确地预测电子的位置、运行轨道和速度；甚至自转如何都是可以计算的。

教科书里面对测不准原理的解释有失偏颇。如果要想测定一个量子的精确位置的话，就需要用波长尽量短的波，这样的话，对这个量子的扰动也会越大，对它的速度测量也会越不精确；如果想要精确测量一个量子的速度，那就要用波长较长的波，那就不能精确测定它的位置。这只是在用谎言在验证谎言罢了，我们只是还没有掌握精确测量电子的工具和技术罢了，不能说是测不准的。

从我们分析的结果来看，测不准原理是多余的，反而会误导大家。测不准原理被当成量子理论的公理来看待，如今这一根支柱倒塌了，整个量子理论的科学观必须要重建了。这是历史赋予我们东方科学家千载难逢的好机会。

10. 物质波解密

由于前面我们革新了量子理论，动了根本的基础，所以物质波的概念需要重建。在重建之前，我们先来翻翻物质波的历史。

在光具有波粒二象性的启发下，德布罗意在 1924 年提出一个假说，指出波粒二象性不只是光子才有，一切微观粒子，包括电子和质子、中子，都有波粒二象性。

三年后，通过两个独立的电子衍射实验，德布罗意的方程被证实可以用来描述电子的量子行为。汤姆孙将电子束照射穿过薄金属片，并且观察到预测的干涉样式。在贝尔实验室，科学家将低速电子入射于镍晶体，取得电子的衍射图样，这结果符合理论预测。

然而，物质波真的存在吗？也可以说存在，也可以说不存在。这只是人为创造了个概念罢了。这个概念也许是多余的。罗教明教授在博文中提出，物质波的概念和薛定谔方程是水火不容的。

薛定谔方程前面我们已经探讨过了，可以用来描述频域空间、概率空间的电子。如此看来只有物质波概念值得商榷了。

但是，科学家已经在试验中证明，电子具有衍射性质，并可以产生干涉条纹。这又是属于用谎言来验证谎言的一种行为。在现象实体中验证现象实体，当然是对的了。

我们对电子进行分类探讨，看电子在原子内部、自由电子、衍射实验和干涉实验中的情况如何：

（1）原子内部

原子的自在时空中，电子围绕着原子核做椭圆运动。前面我们已经探讨过了，椭圆运动的投影是波动的影子。所以说，用物质波来描述原子内部的电子运动情况，也未尝不可。波长刚好等于椭圆轨道的周长。但是，电子真实的运动情况是椭圆运动，并不是波动的。

（2）自由电子

我们知道电子绕着原子核运动的时候，做椭圆运动，同时有自转。当外来的能量激励下，电子脱离了原子核的束缚，飞离了原子。

可以想象电子本来高速绕着原子核运动，被打出去之后，一方面自己自旋，也有向外飞行的速度，同时又维持着原来椭圆运动的惯性。可以想象，电子的真实运动是波动的。只是由于电子有静止质量，所以波长比光子小得多罢了，几乎观察不出电子的波动性了。这是电子的自在实体。

（3）衍射实验

前面我们讨论过单电子双缝干涉实验。电子通过缝隙的时候，由于会有不规则的磕磕碰碰，透过缝隙之后，会在各个方向上飞行。为了方便描述，我们可以用半个电子云球来表示。由于电子的衍射就有了两个电子云半球。

（4）干涉实验

双缝就有两个电子云半球。我们知道电子云半球在概率空间，属于频域空间。对于电子云半球 B1 而言，在半径为 R 的概率球面上，电子出现的概率是相同的。电子云半球 B2，在半径为 R 的概率球面上，电子出现的概率也是相同的。严格意义讲，由于是长的缝隙发生衍射，应该是两个概率柱体，而不是球体。在两个概率柱体面上相交的地方，电子出现的概率加大，属于概率波的叠加。出现的概率大就会出现干涉条纹。概率柱体中的概率波并不是时域空间中的波，并不像时域空间的水波那样此消彼长。如果每隔相同的距离，画一个这样的概率球面，在一个平面上进行投影，就得到了概率波。这有别于时域空间中的波。

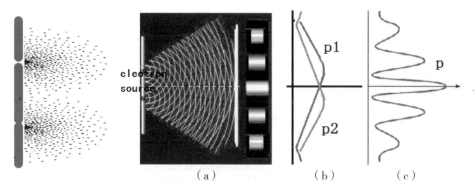

单电子双缝干涉实验示意图

从电子干涉条纹出现的原理，我们知道，电子不需要波动就可以产生衍射，从而产生干涉条纹。假如在宏观世界，我们用子弹来代替电子，如果双缝足够光滑和均匀，就可以在宏观世界得到子弹的干涉条纹。从以上分析自然而然想到不管是子弹还是石头，都可以产生干涉条纹。翻看德布罗意关于物质波的描述，也是如此的，他说甚至石头等都具备这种波动性。

我们再来看看物质波的概念是怎么说的。物质波，又称德布罗意波，即函数为概率波，指的是空间中某点某时刻可能出现的概率，其中概率的大小受波动规律的支配。

由此可见，物质波并非时域空间中的波，而是在频域空间，也就是概率空间中的波。频域空间中的波，还能够称之为波吗？概率波中的那些点，只是数学意义上的点而已。由此可见物质波本质上不是一种波，这个概念纯属多余的。难怪德布罗意在博士论文答辩的时候，一开始并不顺利，总共有八位评委，有四位不同意通过，后来还是爱因斯坦帮忙的，才通过了。

前面所做的实验，并不能够证实物质波的存在。也许有人会跳起来，难道这么简单的事情能够蒙蔽了那么多年吗？

大道至简，道理就是这么简单。阳明心学是突破量子理论迷雾的利器。

11. 光的波粒二象性

1905 年，爱因斯坦对光电效应提出了一个理论，解决了之前光的波动理论所无法解释的这个实验现象。他引入了光子，一个携带光能的量子的概念。光具有波粒二象性。

光到底是什么呢？光的实相到底是什么呢？这是爱因斯坦考虑了几十年的问题。提出波粒二象性并不代表着所有疑问都解决了。

我们已经知道，光波本质上也是电磁波，只是波长要小得多。

为什么光有粒子性呢？光的自在实体是波动性的，本质上是波动的。当我们去观测光的时候，波动的自在实体和观测者共同作用，一瞬间就产生了现象实体，把连续的波动给切分成了一份一份的光子。光子也是现象实体，本来并不存在。

光波动的实相，观测起来也是具有波动性的。所以，光具有波粒二象性。

12. 电子的波粒二象性

我们经常说，用波的观测方法来观测，电子就是波动的；用粒子的方法来观测，电子又是粒子性的。

什么是观测波的方法呢？所谓观测波的方法，就是在原子内部，获得电子的波动投影，如此就可以知道电子波了。但是，电子的实相并非是波动的，而是椭圆运动。衍射和干涉也是观测电子波动的方法，然而，前面我们已经分析过了，电子并非波动的。所谓的波动是在时域空间的。

什么是观测粒子的方法呢？观测粒子的方法观测电子，一瞬间产生了现象实体电子。另外，将时域空间的波动，叠加成频域空间、概率空间的概率点，如此也可以得到粒子。但是，电子云中的点，并不是真实的电子，也是抽象的数学概念，属于概率点。

由此可知，除了光以外，其他的粒子并不真实具有波粒二象性的性质。而波粒二象性，也仅仅是光在现象时空的产物，并且离不开观测者。

13. 杯弓蛇影

我国古代有杯弓蛇影的故事。一个名叫应郴的人请杜宣饮酒，挂在墙上的弓映在酒杯里。杜宣以为杯中有蛇，疑心喝下了蛇，心忧而病。应郴听说杜宣生病后来看望杜宣，杜宣看到墙上的弓后病就好了。后来人们用杯弓蛇影比喻疑神疑鬼，妄自惊扰。

我们听了这个故事以后，觉得这个人很可笑，怎么会这样呢？

然而，我们也可能会犯这样的错误。我们从宏观世界观测原子系统，就如同杯弓蛇影一样。电子真实的运动为椭圆运动，而投入我们观测者眼中的却是波动的影子。而将所有的不同方向的波动影子进行叠加，就得到了薛定谔方程，这就是波动方程。

电子如同天上的月亮，千江有水千江月，形成了无数个波动的倩影。月圆月缺，如同电子运动的投影。而从波动的影子进行数学叠加，也就是不同方向的简谐波的合成，就得到了电子云图和电子运行的轨道。然而，电子云图和电子运行的轨道在物理意义上讲是在频域空间，也就是概率空间。薛定谔的《生命是什么》中谈到，似乎物理学是关于影子世界的学问。

14. 飞鸟之影

物理学是关于影子的学问。惠施和庄子是好朋友。惠施曾说过一句很有名的话：飞鸟之影未尝动也。

我们在观看飞鸟之影，类似于观测电子之影。本质上并无太大差别。别被所谓的经典和非经典的说法给蒙蔽了。对于想不到办法，就找借口说是非经典。阳明心学发扬光大，天下的学问归于正学正统和道统。物理学也可以正本清源了，回归真正的科学了，而不仅仅停留在现象时空层面。这也是西方苏格拉底、康德伟大哲学传统的回归。

电子的自在实体，有无数个不同角度的波动的投影。这些影子如同电影胶片一样是不动的。然而，这么多胶片的叠加，就可以得到电子云图，得到电子运行轨道。叠加的结果是在概率空间，也就是频域空间。几乎所有的量子理论的基础都建立在概率空间，数学去描述是没有问题的。但是，把时空给搞混淆了，理解就出大麻烦了。

一直以来，我们把频域空间等同于时域空间。不管是时域空间还是频域空间，都是现象时空的产物，我们把现象时空等同于自在时空了。现象时空中的量子理论不断发展，堆积越来越多的乌云，把自在时空给遮蔽了。我们所做的实验，也是在现象时空中进行的，也是离不开观测者的。这是在用谎言来验证谎言罢了。总有谎言包不住的那一天。所以，爱因斯坦认为量子理论并非完备的理论。哥德尔不完备定理已经讲明了，形式系统中总有无能证明是真，也不能证明是伪的命题。数学证明也是一直在找谎言验证谎言的过程。也许有人会跳起来，数学这么严谨，怎么可能是谎言。稍安毋躁，我只是说真话的孩子罢了，不必跟我计较。纯属一家之言，也许是满纸荒唐言罢了。

15. 波的干涉

单电子双缝干涉实验中蕴含着量子理论最大的秘密。

前面我们已经详细探讨过了，其中的要点在于电子干涉条纹的产生是由于统计概率产生，并不是经典波的干涉那样。单电子双缝干涉是在概率空间、频域空间研究电子的衍射和干涉规律。电子通过缝隙的时候，可以用一个概率电子云半球表示。两个缝隙就有了两个电子云半球。在概率半球叠加的地方，电子出现概率比较高，就会产生干涉条纹。而经典的波的干涉是在时域空间当中研究的，有波的消长，有着本质的不同。现有的量子理论是建立在频域空间上的。

16. 坍缩的秘密

什么是坍缩呢？薛定谔方程、电子云图和电子运行轨道都是在频域空间、概率空间描述电子的运行规律。时域空间和频域空间是两两对应的。所以，量子理论也是正确的。只是在频域空间，量子理论难以理解。但是可以进行计算。所以多少年来，人们习惯于用数学工具来计算量子力学，而放弃了理解。西方科学走得太快，以至于灵魂跟不上，不能做到"知行合一"。

当我们观测电子的自在实体的时候，产生了电子这个现象实体。科学家习惯在频域空间考察电子的运行规律，在频域空间电子是测不准的，而测量不得不一下子切换到了时域空间。这些复杂的空间变化过程是一瞬间完成的，科学家无法解释这个现象，所以称之为坍缩。

17. 纠缠的秘密

在自在时空中，电子围绕原子核运动，电子如同行星一样，同时有自转。电子并不是一个点，而是如同一个星球。

对于自由电子而言，电子也有自转，这是电子的实相。然而，在没有观测之前，是没有左旋或者右旋的概念的。

当两个电子发生纠缠的时候，互相发生了作用，有一定的关联。互相纠缠的两个电子球体的旋转方向是相反的。

当我们去观测其中一个电子的自在实体的时候，一瞬间就产生了电子的现象实体，同时产生了左旋的现象；知道它们有一定的关联性，我们就知道另外一个电子的现象实体必定是右旋的了。

这就是量子纠缠的终极秘密。

对于互相纠缠的光子也是如此。互相纠缠的两路圆偏振光，光的自在实体有一定的关联性。所以，知道了其中一路的偏振角度，同时就知道了另外一路的偏振角度。

18. 相对论的秘密

狭义相对论中，时间会变慢，有钟慢效应。时间只是现象实体。在自在实体中，无时间这个概念。

狭义相对论中，长度会变短，有尺缩效应。长度也是现象实体。在自在时空中，无长短的概念。

速度等于长度除以时间，所以速度这个概念也仅仅存在于现象时空。不仅仅是速度，连动静的概念，也仅仅存在于现象时空。风动幡动公案、飞鸟之影公案、飞矢不动公案都存在着同样的秘密。启发我们要脱离现象时空。

速度离不开观测者，光速也离不开观测者。观测者是超级测量工具，有一定的测量精度。观测者所能测量的最高速度就是光速。所以在观测者眼里，光速是不变的。

相对论中质量和速度有直接的关系。既然速度是现象实体，质量也是现象实体。质量与观测者直接相关。

相对论的质能方程中，质量和能量有一定的关系。质量是现象实体，能量也是现象实体。普朗克发现在微观世界能量是一份一份地发送的。这也是现象实体的产物，由于观测者是一刹那一刹那地观测自在实体，而得到现象实体的，所以有不连续性。

在微观世界，假如电子的运行速度接近光速，就必须考虑相对论效应。相对论也是可以用在微观世界的。同样的道理，量子理论的原理，也是可以用在宏观世界的。假如从太阳系外面观测太阳系，太阳系就非常的小，这时候就可以用薛定谔方程描述太阳系中行星的运行规律了。这样就统一了相对论和量子理论，并无本质的矛盾。

相对论和量子理论也都是建立在现象时空的产物。

第五章　解密波动方程

1. 波尔行星模型

卢瑟福曾经提出过原子的行星模型，波尔进行了改进。原子半径/原子核半径＝太阳系半径/太阳半径。太阳系和原子系统是多么的相似，宇宙如此美妙。电子能级发生变化，轨道变小，会发射出光波；而行星能级发生变化，轨道也会变小，同样也会发射出引力波。然而，一直以来受量子理论的禁锢，却被所谓的非经典，所谓的不确定，所谓的随机搅得很复杂，没有一点美感。

不同的化学元素只是所带的电子数目不同罢了。电子好像行星围绕着原子核，而电子也可能被更小的粒子围绕；就像地球围绕着太阳，月亮围绕着地球转。行星围绕着椭圆轨道转动，电子也是如此的。

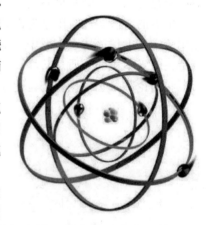

在我们的教科书中依然按照西方的主流观点评价这个模型：它的不足之处在于保留了经典粒子的观念，仍然把电子的运动看成经典力学描述下的轨道运动。

然而，这么评价波尔行星模型对吗？我们似乎对于电子云图着迷了，把电子云图当成了电子运动的实相本身。电子云图描述了现象实体，并非描述自在实体。薛定谔方程的解，可以描绘成电子云图。电子云图实际上是一个概率图，并非电子真实的运动图景。概率图是可以用点来描述的，这也是为什么量子理论中，大多都是用质点来描述的原因，并没有用电子真实的大小来描述。电子云图是概率图，并非实际的电子运动的自在时空图。也可以说，电子云图是频域空间图，并非时域空间。这就是最大的秘密，太隐蔽了，再次欺骗了我们的大脑。这个秘密一直都在折磨着大家的神经细胞。当真相揭晓的时候，原来是这么简单，难以置信。我们一直把频域空间当成了时域空间来研究，所以电子才那么不可捉摸，看似那么测不准。佛说颠倒众生，一点都不假。张果老倒骑驴，也是在提醒饱尝倒悬之苦的世人。西方科学家把频域空间和时域空间搞颠倒了。

电子云图中，描述了电子的轨道。电子只能在特定的轨道中出现，如果出现在轨道之外，科学家就认为会存在宇宙灾难了。从时域空间变换成频域空间，可以得到类似于李萨如图形的轨道，电子仅仅出现在轨道内是理所当然的事情。在频域空间可以进行数学的归一化，这也是理所当然的，一个特定的时间，电子只能出现在一个地方。电子出现的概率总和为一。电子假如未投影，虽然电子仅做类似于圆的椭圆运动。但原子振动，使得电子似乎在球面运动。由此也可知速度定了，位置不固定。波函数的模方为电子概率密度。电子仅在球面运动，否则应该为波函数的模立方。

从时域空间变成频域空间，我们自然想到了傅里叶变换。任何周期函数，都可以看作是不同振幅，不同相位正弦波的叠加。电子云图是频域空间图，是薛定谔方程的解，跟傅里叶变换为一个相反的过程。我们去观测原子系统的时候，电子在特定的平面绕原子核做椭圆运动，投影为简谐振动，也是正弦波。从不同角度观测，可以得到无穷多个电子运动的投影，而把这些影子进行叠加，就可以得到薛定谔方程。这就实现了从时域空间到频域空间的转换。薛定谔方程本质上是将原子系统从时域空间变换到了频域空间。所谓的频域空间就是电子出现的概率空间。概率空间理所当然的可以用点来描述。日本的板田昌一、汤川秀树，法国的托姆均认为量子力学的主要困难来源于不合理的质点模型。这些科学家说了，不合理的质点模型是造成量子力学困难的根本原因。虽然电子如同地球一样有自转，也类似一个小星球，但是，这个是在时域空间中考虑的事情。在概率空间只能用点来表示。时域空间与频域空间，也就是概率空间互为阴阳。

对于电子来说，简谐振动的叠加是概率的叠加，并非像宏观的水波那样互相消长。宏观的水波是在时域空间，而电子的简谐振动叠加属于概率的叠加。请注意，在单电子双缝干涉实验中，终极的秘密也是如此。并不是时域空间波动的干涉，而是频域空间概率的叠加。

2. 太阳系模型

薛定谔方程是否仅仅适用于微观宇宙呢？可以用来进行天文学研究吗？答案是肯定的。

有人也许会说，你这样不是在说瞎话吗？且听我慢慢说来。在宇观世界的巨人眼里，太阳系如同原子系统那么渺小。太阳系行星围绕着太阳运转，就如同电子围绕着原子核运转一样。行星的椭圆运动的投影，创造了现象实体，在巨人那里，就可以用薛定谔方程描述太阳系。

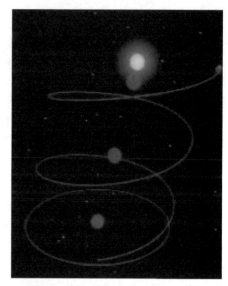

原子宇宙中，电子的轨道为椭圆运动。太阳系中，行星围绕太阳的运行轨道为椭圆运动。也许有人会说，以银河系为中心，行星的运转轨道为螺旋运动。如果以银河系为中心建立参照系，这里隐含着一个前提条件，就是已经在观察了，已经从自在时空变换成了现象时空了。所以，我们只需要考虑太阳系的自在实体。行星围绕太阳做椭圆运动。

当巨人从太阳系外观测地球的时候，地球如同电子那样公转，同时自转。观测对应于一个本征态，创造了现象实体，创造了一个波动的投影视图。原则上，这样的投影视图是有无穷多个的，从不同角度来投影都是可以的。将所有的投影进行叠加，就可以从时域空间转换成频域空间了。如此看来，叠加态分解为无穷多个本征态。正所谓道生一，一生二，二生三，三生万物。傅里叶变换也有类似的作用。

我们也可以得到地球在太阳系运转的地球云图。这是一个关于概率空间，也就是频域空间的画面。在概率空间中，地球也是测不准的。知道了地球的速度，就不能知道地球的位置；知道了地球的位置，就不能知道地球的速度。

观测太阳系的一刻，就有了一个本征态。行星运行轨道是椭圆形的，投影是波动的。就可以用薛定谔方程来描述了。

3. 圆周运动投影

我们先分析最简单的圆周或椭圆运动。圆周运动或者椭圆运动的投影，我们观测起来就是波动的。正如波尔行星模型描述的那样，电子在原子内部运动，如果有多电子，就如同行星那样，在不同能级的轨道上围绕着原子核运动。以原子核为中心进行观测，电子的运动轨道为椭圆形。

电子运动轨道为椭圆运动，这并不是现象时空，而是自在时空。当我们去测量原子的时候，只能是获得原子行星模型的一个投影。电子运动的影子，如同飞鸟的影子。椭圆运动的投影，可以得到简谐振动的影子。由于原子的震动，电子有无数个不同方向波动的影子。进行一次测量，就对应于一个本征态。把不同方向的波动影子进行叠加，就得到了叠加态。不同角度的测量，就有了不同的本征态。

电子可以有无穷多个本征态，而每一个本征态对应的波函数都是连续的。电子可以有无穷多影子，这并不稀奇。这有点类似于傅里叶变换。无穷多个波动函数叠加，就可以得到薛定谔方程。

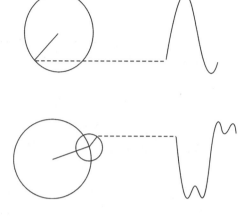

实现了从时域空间到频域空间的转换。薛定谔方程在频域空间、概率空间的形象表达就是电子云图。电子云图是频域空间、也是概率空间。电子云图中的电子并非真实的电子，而是概率点。正是由于把频域空间、概率空间等同于时域空间，把现象时空等同于自在时空，把概率点等同于电子现象实体，把这些搞混淆了，所以才造成了量子理论的困难。电子云图中的点并非电子真实的运动轨道。电子云图中的电子轨道是在频域空间中的产物。

测量的同时，就创造了一个本征态，创造了一个视图。测量是行，而知道本征态，知道这个视图就是知，如此是知行合一的。并不仅仅是知，而是同时产生了波动影子这个现象实体，产生了电子这个现象实体。

原子是一个微观宇宙，从宏观宇宙观测微观宇宙，这就产生了量子理论，量子理论所属为现象时空。量子理论属于现象实体产物。

4. 不忘初心

我们翻看波动方程发现的历史，看看量子理论的原始问题是什么，这也是不忘初心的一种科学精神。薛定谔的老师德拜指出，既然粒子具有波动性，应该有一种能够正确描述这种量子性质的波动方程。他的意见给予薛定谔极大的启发与鼓舞，他开始寻找这波动方程。

在《宇宙的琴弦》一书中描述了波动方程发现的历史。

书中说道："即使如此，只要能从数学上决定概率波的精确形式，我们就能通过多次重复某个实验来观测某一结果发生的可能性，从而检验那些概率的预言。德布罗意的建议提出没几个月，薛定谔就迈出了决定性的一步。他写下了一个方程，能决定概率波的形状和演化——我们今天把那概率波叫波函数。"波函数也叫概率波，波函数从刚出生那天起，就注定了是在频域空间，也就是在概率空间了，并非时域空间。不管是时域空间还是频域空间，都是在现象时空的产物。物理实验是在现象时空中验证理论，这是在用谎言验证谎言。理论是预测现象的出现规律的，并不是预测自在实体的，只要现象能够重复出现，就说明验证通过了。这是试验的本质，也是不完备的。

书中还说道："薛定谔的方程和概率波的解释很快就作除了惊人精确的预言，于是到 1927 年时，经典物理学的纯真时代结束了，宇宙不再是一只精确的大钟。过去我们总以为，宇宙间的一切事物都照一定的节律运动，它将从过去某个时刻走向它唯一注定了的终结。"经典物理学是很纯真，是很美的。然而从 1927 年开始，就终结了这一切，主流量子理论占有统治地位将近百年之久，也不断地蹂躏人们的神经。科学越搞越复杂，这不是上帝的初衷。大道至简，量子理论应该能够妇孺皆知。不过如果搞得太容易明白，就没有什么门槛，可能好些人的饭碗难保住了。然而，自在时空中，原子系统如同太阳系那样有条不紊地运行，电子围绕原子核做椭圆运动。薛定谔方程能惊人精确预言，这很正常。在频域空间可以进行计算，但不可理解，也可转化到时域空间。

书中还说道："根据量子力学的观点，宇宙也遵照严格准确的数学形式演化，不过那形式所决定的只是未来发生的概率——而不是说未来一定会发生什么。许多人感到这个结论太困惑，甚至完全不能接受。爱因斯坦就是这样的一个人。他在警告量子力学的拥戴者时，说过一句在物理学史上鼎鼎有名的话：上帝不会跟宇宙玩儿骰子。他觉得，概率在基础物理学中出现是因为某种说不清的理由，像在轮盘赌中那样，概率出现是因为我们的认识从根本上说还不够完备。在爱因斯坦看来，宇宙没有给靠机会实现的未来留下空间。物理学应该预言宇宙如何演化，而不仅是预言某个演化发生的可能性。"从前面电子云图、电子运行轨道的分析过程可以看出。观测原子自在实体一瞬间，就产生了波动的影子，这是现象实体。这是从自在时空向现象时空的转化，这是坍缩。把波动的影子叠加，就可以得到薛定谔方程，得到波函数，这是在现象时空中，从时域空间向频域空间转化。在时域空间很有条理的事情，在频域空间完全无规律可言，完全是测不准的。我们看看傅里叶变换就知道了。时域空间中完全无规律的一个波形，可以转化为很有规律的正弦波的叠加。薛定谔方程像变戏法似的变到了频域空间，让人难以捉摸。

书中还说道："越来越多的实验。有些令人不得不相信的实验是在爱因斯坦去世以后做的，证明爱因斯坦错了。英国物理学家霍金曾说过，在这一点上，爱因斯坦糊涂了，而量子理论是对的。"前面我们探讨过实验的本质。实验实在现象时空中进行的，用谎言验证谎言。越来越多的谎言，也顶不过爱因斯坦一句真话。爱因斯坦没有错，量子理论也没有错。量子理论是在概率空间、频域空间建立的理论，只能通过实验和数学去认识，似乎不可理解。量子理论只是停留在计算和实用上面了。如果变换到时域空间，就是牛顿的经典时空了，也是大家可以理解的了。

5. 推导波动方程

原子系统中，电子类似于太阳系的行星，运动轨道为椭圆运动。对电子进行观测，就创造了波动投影，创造了现象实体，那么，我们就应该用一个波动方程描述。电子真实运动为椭圆运动，椭圆运动的投影，我们可以用最简单的简谐波形式来考虑，即 $\psi(x,t) = Ae^{(kx-\omega t)}$。在《量子力学概论》等许多书籍都有以下的启发式推导过程。显然有以下的运算过程：

$$\frac{\partial \psi}{\partial t} = -i\omega\psi \, ; \, \hbar\frac{\partial \psi}{\partial t} = -i\hbar\omega\psi = -iE\psi \, ; \, i\hbar\frac{\partial \psi}{\partial t} = E\psi$$

（其中 $E = hv = \hbar(2\pi v)$; $\hbar = \frac{h}{2\pi}$; $\omega = 2\pi v$; $p = \frac{h}{\lambda}$; $k = \frac{2\pi}{\lambda}$ ）

类比经典力学，能量＝动能＋势能。由此可见，经典力学中的规律也可以应用于微观原子系统。而同样的，微观的波尔模型中关于轨道能级的描述也可以用于太阳系。行星轨道发生变化的时候，运转轨道变小的时候，会发射出引力波。两个互相纠缠的黑洞，互相围绕对方运动，能级发生变化，轨道逐渐变小，也可以发出引力波。

由能量之间的关系可以得到：

$$E = \frac{p^2}{2m} + U = \frac{\hbar^2 k^2}{2m} + U;$$

将此公式代入上面的公式可以得到：

$$i\hbar\frac{\partial \psi}{\partial t} = (\frac{\hbar^2 k^2}{2m} + U)\psi;$$

（其中 $\frac{\partial \psi}{\partial x} = ik\psi$; $\frac{\partial^2 \psi}{\partial^2 x} = -k^2\psi$ ）

代入就得到以下公式：

$$i\hbar\frac{\partial \psi}{\partial t} = \frac{\hbar^2}{2m}\frac{\partial^2 \psi}{\partial^2 x} + U\psi \, ;$$

这就得到了薛定谔方程，是线性偏微分方程。

由此可见，完全可以从波尔行星模型，从电子真实椭圆运动的投影，从简谐振动推导出薛定谔方程。

薛定谔方程的解，可以用形象的电子云图来表示。电子云图、电子运行轨道并不是电子真实的运行图，而是频域空间。真实的运行图是有条不紊的。

我们不忘初心，从量子力学的核心出发，寻找了薛定谔方程。杨振宁在回答成功秘诀的问题时，特别提到了两个原因，一个是面对物理学的原始问题，另一个是不排斥数学，要成功地运用数学。

由此可见，宏观宇宙和微观宇宙之间是和谐的，并没有明显的经典和非经典的界限。非经典是由于我们还没有揭开谜团，所以称之为非经典。我们经过几次时空转换，都变得面目全非了。

经典和非经典只是人为划分的界限罢了，也是划分了森严的禁区，使得后人不敢越雷池半步。如今这条界限将要土崩瓦解了。正如科学和宗教之间的界限，唯心唯物之间的界限一样。

6. 非经典是借口

我们对量子理论觉得不可思议，不可理解，就称之为非经典，也许这仅仅是个借口而已。

从量子理论诞生那一天起，物理学家就争论不休。爱因斯坦直到去世，也坚信上帝不会投掷筛子。宇宙是简洁、美妙的，不会如非经典世界这么随机。爱因斯坦没有错，波尔也没有错。如何去统一经典和非经典物理学呢？

卢瑟福提出原子的行星模型，波尔进行了改进。如果我们在原子内部观察，会惊讶于宇宙的美妙。原子核表面的强相互作用力就是核力，对应于宏观世界的万有引力。弱相互作用力对应于宏观世界的电磁力。这么一来，四种力也统一了。在量子理论中，人们不敢去讨论电子绕原子核公转的轨道是如何的，是否如行星那样是椭圆的，公转的速度如何。然而，居然可以小心翼翼地讨论电子的自转，自旋。电子不仅仅有自转，也许并不是正对着原子核，而是如同地球一样，有一定的斜角，还有进动。大道至简，真理也许简单得让人难以置信。我就好像皇帝的新装里面那个说真话的孩子，把自己看到的说出来罢了。如今现代物理学思想被禁锢得很厉害，已经根深蒂固了，使得人们不敢越雷池一步。

我们的科学家在数学上走得太远了，只是灵魂还没有跟上罢了。不能做到阳明先生所说的知行合一。理论发展已经超越了时代一百年了，只是知还没有跟上，所以面对量子理论感到困惑和痛苦。阳明先生会让我们的灵魂跟上来的。我们不能认为不可以理解，毫无规律可言就称之为非经典。

电子按照牛顿先生的指示有条不紊地围绕着原子核做椭圆运动，步调极其优美。我们从各个角度来拍摄电子的运动轨迹，得到了无数个波动的影子。而将无数个波动的影子进行叠加，就得到了薛定谔方程，就转化到了概率空间、频域空间了。电子云图中的点，是电子出现的概率的点，并非电子实体本身。由此看来，经典和非经典实际上是一个事情。

7. 李约瑟难题

李约瑟是英国著名的学者。所谓的李约瑟难题："曾在科技文明遥遥领先的中国，为什么到了 17 世纪后停滞不前了？"

我们先来看看其他学者是怎么看的。英国著名历史学家汤因比也直言不讳地预言：未来最有资格和最有可能为人类社会开创新文明的是中国，中国文明将一统世界。

哈佛大学著名学者杜维明更是预言：21 世纪，将是王阳明的世纪。

下面我们一起来简要探讨李约瑟难题。

由于西方的哲学思维有别于东方。他们认为研究清楚上帝的作品，就能够清楚上帝的意图了。所以西方哲学很注重分科分析，如此就产生了科学，越分越细。对于心理学的分析就有了弗洛伊德的精神分析学。西方科学注重实验证明，注重现象实体的研究，所以创造出了许多物理理论。

东方哲学不同，东方哲学直指人心，从形而上的高度，从道的高度来研究科学。东方哲学可以直指自在实体，可以把现象实体和自在实体分离，这叫离相。东西方互为阴阳。西方哲学有点类似于朱熹一物一物地格物的思想。如果要穷理，就需要一物一物地去研究清楚。然而，东方的阳明心学却认为，不需要一物一物地去格，而是反求诸己，把心给格清楚，就能够穷万物之理了。薛定谔方程是量子理论的重要基础，可是只能通过实验来验证，不能进行解释。不能进行解释，这是很可笑的事情，只是由于没有把握事情的本源罢了。而东方哲学却能够化繁为简，在纷繁复杂的现象背后，一下子找到科学的本源。

从某种意义上来说，西方重术，重视现象实体；而东方重道，重视自在实体，而且知晓如何离相。这也许是近代科学没有产生在中土的原因。然而，什么是科学呢？技术并不能等同于科学。西方强的是技术而非科学，科学需要形而上的思想来指导。如果执着于技术，遇见瓶颈很难突破。

越来越多的有识之士意识到，新的科学革命即将到来，酝酿重大科学革命的地方就是中国。西学东渐已将西方哲学、西方科学技术融入到了中国，东方古老哲学的苏醒会相互融合，诞生新的东方文明。不仅仅有西学东渐，也有东学西渐，尼采、叔本华、莱布尼茨等无不深受东方哲学影响。物理实在论受东方哲学的影响，受到印度的克里希那穆提的启蒙。

我们中国人扬眉吐气的时候到了，这是历史赋予我们千载难逢的好时机。围绕着科学革命，将有一系列重大的发现。不笑不足以为道，往往越简单的东西越是真理，当西方主流科学家嗤之以鼻的时候，正是中华文明复兴的良机。只有在西方的科学主战场上，展示传统文化的魅力，才能吸引更多的人关注传统文化。

8. 普朗克科学定律

普朗克曾经说过一句关于科学真理的真理，它可以叙述为"一个新的科学真理取得胜利并不是通过让它的反对者们信服并看到真理的光明，而是通过这些反对者们最终死去，熟悉它的新一代成长起来。"这一断言被称为普朗克科学定律，并广为流传。

在量子理论诞生的年代，产生了许多科学巨匠，例如爱因斯坦、普朗克、波尔等，可谓是群星璀璨。关于量子理论的争论不断，相互之间都无法说服。不管是量子理论的反对者还是支持者，都离我们远去了。按照普朗克科学定律，此时应该到让真理发光的时候了。

普朗克作为量子理论的创立者和奠基人，可是直到晚年，他还是无法接受量子理论。普朗克并非否定量子理论的现实意义。量子理论可以很好地预测实验结果，在各方面都有很好地应用，这是实实在在的，不可否认的。只是量子理论并非宇宙的真相。从前面的分析来看，量子理论是建立在频域空间、概率空间的理论，可以用数学来严格推导，这是符合试验验证的。但是，我们把频域空间、概率空间等同于时域空间了，把现象时空等同于自在时空了，这就是造成困难的根本原因。

普朗克的学生爱因斯坦一直坚信上帝不会投掷筛子。他认为量子理论只是一种实用主义，只是一种妥协的绥靖主义罢了。

普朗克曾经感叹道："我对原子的研究最后的结论是：世界上根本没有物质这个东西，物质是由快速振动的量子组成！"他进而剖析说："所有物质都是来源于一股令原子运动和维持紧密一体的力量，我们必须认定这个力量的背后是意识和心智，心识是一切物质的基础。"

前面我们已经详细探讨过了，心是超级的测量工具，有一定的测量精度。最小的时间是普朗克时间，也就是说，心的测量是一刹那一刹那的，最快的换胶片的速度是普朗克时间。每隔普朗克时间换一次胶片。当然，我们的心并不像电影放映机，这里所说的胶片只是打比方罢了。每观测一次原子系统，就创造现象实体，就得到了一个波动的投影。我们所观测到的电子也是现象实体，并非电子的自在实体。既然观测是不连续的，所以电子也是跳跃的，不连续的。质量和能量之间可以转化，能量也是现象实体，也是一份一份的，是不连续的。

从这些分析中可以看出，量子的粒子性离不开我们的心，离不开观测；量子的波动性也同样离不开我们的观测。普朗克所说不无道理。

9. 知行合一

"知行合一"是阳明心学的核心要义。"知行合一"在量子世界也是适用的。测量是行，而知道量子的状态是知，测量的同时就知晓了量子的状态，这是合一的。可能这样表述还不够准确，应该说测量的同时，创造了量子的状态，创造了量子的投影，创造了量子的现象实体。对于原子系统来说，测量的同时，原子椭圆运动进行投影，就创造了投影视图，就创造了本征态，就有了定态薛定谔方程。这就好比是观看山中之花的同时，花的实相和心的共同作用创造了花的颜色和形状，创造出了花。这就好比是观看爱因斯坦的月亮的同时，月亮的实相和心的共同作用创造了月亮的颜色和形状。原子实相与心共同作用，从而创造了波动影子，就有了本征态，就有了波函数。

爱因斯坦谈及量子纠缠的时候，曾经谈到过一个例子。将一双手套放在不同的箱子，假如把两个箱子分开很远的距离。只要打开一个箱子，看到一个箱子中的手套，如果是左手的，那么，瞬间就知道另外一个箱子的手套是右手的了。量子的"知行合一"并非像这个例子那样的。两个互相纠缠的电子，如果测量一个电子是左旋，马上就知道另外一个是右旋。电子并非像手套一样，已经准备好左旋了，只是去探知而已。确切地说，是测量的同时，创造了电子左旋的状态，创造了电子左旋的投影，创造了现象实体。测量电子为行，创造并知晓了电子的状态，这是知，两者是同时的，是"知行合一"的。

爱因斯坦曾说过："量子力学无可怀疑地是一个富有成效的学说，但是它并没有接触到事物的究竟，我绝不相信它构成真正的自然观。我相信，我们能够描述自然界，而自然界的规律不是只讲可能性及其变化，而是讲实体在时间上的变化。"

物理学家卢瑟福曾说过："如果我们不能以一种简单的非技术的方式解释一个结果，我们就还没有真正弄懂它。他不是在说那个答案错了，而是说我们没有完全懂得它的起源意义和作用。"对于量子理论也是如此，我们这里试图用阳明心学来进行解释。

10. 潘多拉的盒子

从普朗克提出黑体辐射公式以来，他作为量子理论的创始人，打开了潘多拉的盒子。在这个量子现象时空中，薛定谔又提出了波动方程，不断地在形式系统中推进。

海森堡在谎言的基础上又说了一个谎言，发现了测不准原理。请注意，这里虽然说是谎言，但是可以描述现象时空，并不是不对。只是属于实用主义罢了，并不是事物的本质。我们知道电子云图为频域空间、概率空间的产物。电子云图中的点是概率点，并不是真实的电子。所谓知道了电子的位置，是指电子云图中具体的点的位置，这个位置的物理意义是讲电子出现的概率。这是各个方向上运动的电子的叠加，有不同的方向和不同的速度。所以知道了位置，就无法知道速度。如果知道了电子的速度，这是在时域空间中谈论电子。这两者在不同的频道，当然是测不准的了。但是实际上，电子还是乖乖地按照牛顿的指令运行，不管是位置和速度都是可以精确地预测的。科学家不知道如何解释，又说了一个谎言，造出了坍缩这个极具神秘色彩的词语，使得量子理论更加高深莫测。量子理论是在频域空间、概率空间思考问题，觉得电子是测不准的。而观测对应于时域空间，从自在实体生成了现象实体，生成了波动的影子，这是在时域空间。

爱因斯坦提出光的波粒二象性，而德布罗意又说了一个谎言，发现了物质波的理论。我们前面的章节已经详细分析了物质波，这个概念也是多余的。

不同的科学家面对相同的自在实体，提出了不同形式的数学理论，如薛定谔方程、海森伯的矩阵力学和狄拉克的算符理论，但是，后来都证明在数学上是等价的。它们都是指向月亮的手指，一个自在实体，可以有多个现象实体，但是，现象实体是等价的。量子理论越发展越丰富多彩，这个游戏越玩越大，现象实体只是一个幻象罢了，总会有矛盾和破裂的时候。终于发展到了现在，已经发挥到极致了，矛盾出现了，需要东方的心学来破解瓶颈了。之所以量子理论这么让人迷惑，只是由于梦中有真，真中有梦，现象中有自在，自在中有现象。这一切的假象蒙蔽了世人的眼睛罢了。

也许周公托梦，昨夜做了一个很清晰的梦。梦见我回海南老家，可是却把单位的公车搞丢了。在梦中想，不对呀，公车是不能开回老家的。公车不能私用，这个逻辑说不过去，肯定是假的，是在做梦吧。这时候突然就醒来了。即使是在梦中说梦，在梦中虽然一切看似真的，但是也有说不通的地方，有无法证明真伪的地方。梦可以说是现象实体，而我们日常生活当中何尝不是一场大梦，何尝不是更大的现象实体。

大家都清楚哥德尔定理。数学属于形式系统，在小的形式系统之中，也许有更大的形式系统包围着，可以互相推理证明，但是总有证明不了真，也证明不了假的地方。说了一个谎言，需要一百个谎言来圆，形式系统就是如此。一花一世界，一叶一菩提，数学也可以当做一个小宇宙，也有数学的时空。如果要获得真相，需要跳出数学时空。量子理论也是如此，都是在现象时空中忙活。从薛定谔方程一个谎言开始，大自然给我们说了越来越多的谎言，几乎可以全部圆了，可是其中还是存在着蛛丝马迹，存在着破绽的。

这一切实在太隐蔽了，只能是感叹宇宙的鬼斧神工。现象实体和自在实体互为阴阳。阴中有阳，阳中有阴。阴极则阳，阳极则阴。现象时空和自在实体之间互相转化。当我们去观测原子系统自在实体的时候，一瞬间生成了现象实体，就转化为现象时空了。并不是宇宙的复杂，而是人心的复杂，所以需要恢复本有的良知。乌云散去，真理之光就会显现。

第六章 罗教明语录

1. 氢原子模型

【原文】氢原子以固有频率发生共振，由于与外界进行电磁能交换，电子和质子轨道就会变成类椭圆封闭轨道，可以理解为两个带电粒子轨道沿轨道面的法产生的同频振动，振动方向固定指向基态轨道的法向，振幅取决于辐射交换的强度，如图所示。E0 为基态电子轨道，E1 为共振轨道，E1 可分解为 E0 沿 Z 轴的同频振动。以上模型可以初步得出，氢原子与外界的能量交换的电磁辐射波可以是定向和定频的结果。

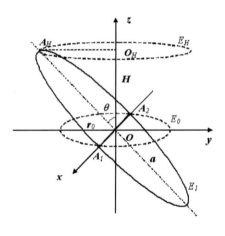

对于共振物理模型，可以选用多种数学的方法进行求解，振动或驻波方法当然是最直接和简单的方式。

【解释】四川大学罗教明教授的论文《氢原子电磁辐射及稳定性》已经成功在国外发表。提出了共振的氢原子模型，与波尔行星模型类似，属于加强版。从此关于原子结构的真实面目返璞归真了，这方面的贡献属于中国人了。

东方的科学家这是在自在时空研究氢原子本来面目，这与西方的研究思路不同。西方是在频域空间、概率空间，是在现象时空研究。

本章所引用的原文全部都来源于科学网，特在此郑重声明。

氢原子以固有频率发生共振，由于与外界进行电磁能交换，电子和质子轨道就会变成类椭圆封闭轨道。

电子围绕原子核，也就是围绕质子作椭圆运动。太阳系中行星围绕着太阳也是作椭圆运动。由此可见，宏观和微观是和谐一致的。

由此可以引出几个研究得课题：

（1）将原子研究的成果应用于天体物理学的研究。行星围绕太阳做椭圆运动，发生共振，可以辐射出引力波。原子发生共振辐射出光波。光波和引力波本质上是一个东西。既然两者相同，光波也是电磁波，引力和电磁力可以统一。原子内部电子和质子靠电磁力互相吸引，而太阳系行星和太阳靠万有引力互相吸引。原子系统和太阳系很相似。电磁力和万有引力是可以统一的。

（2）薛定谔方程适用于原子系统，同样的薛定谔方程也适用于太阳系。可以对太阳系进行计算，从太阳系中的行星运动，推导出薛定谔方程。

2. 电子真实运动

【原文】在氢原子中，电子和质子作为围绕其质心经典轨道运动，属两体问题，数学上可以通过电子相对于质子运动的描述将两体问题单体化，同时要求采用电子的有效质量代替电子质量，对电子相对于质子的运动的计算分析结果进行修正，这是经典理论对两体轨道运动的标准而准确处理方法。

……从数学方法上讲，电子沿圆形轨道进行周期运动，可以视为波长为$2\pi a_0$，振幅a_0稳定不变的驻波，可通过驻波方程进行描述和分析。通过驻波方程的求解，我们可以获得轨道频率与轨道共振频率之间的关系，便于我们通过光谱数据对共振轨道变化（即原子结构的变化）的分析和比较。很显然电子的驻波方程并不代表电子的真实运动，并且对于电子的真实运动的描述是不完整的，正如同其轨道方程只给出了电子运动限制，要知道电子在某时刻的具体位置还需要其他的初始条件。

【解释】请注意，原文是在自在时空用数学工具直接推算电子的真实运动情况，也就是研究自在实体。从真实的运动中，也可以推导出薛定谔方程。其实并不奇怪，简谐振动对应于椭圆运动。从驻波或者投影的简谐波，都是可以推导薛定谔方程的。具体的推导过程参考其论文《氢原子电磁辐射及稳定性》，英文版本为Electromagnetic Radiation and Stability of the Hydrogen Atom。

上一章我们是沿着西方科学家的思路，在现象时空研究电子运动情况。与自在时空进行对比更清晰量子理论误入歧途的根本原因。前面我们已经分析过了，当我们去观测电子的椭圆运动的时候，创造了波动的影子，这是现象实体。可以从波动投影，从现象实体推导出薛定谔方程。量子理论是建立在概率空间、频域空间，现象时空的产物。由于是投影，所以不需要共振的激励，更不需要以太的存在。这跟爱因斯坦的相对论并不存在矛盾。有意思的是，爱因斯坦的相对论也是描述现象实体的，也属于现象时空。

这也是为什么爱因斯坦、普朗克等一批科学家致死都不相信量子理论是终极真理的缘故。量子理论只是在影子世界里面打转，只是在现象时空里面打转罢了。不仅仅量子理论如此，也许令爱因斯坦大跌眼镜的是相对论也是如此。量子理论只是一个实用的工具罢了，并非原子系统本来面目。

3. 数学上等价

【原文】量子和量子力学是先有数学表述，后进行物理解释的理论。目前有三种公认的表述：薛定谔方程、海森伯的矩阵力学和狄拉克的算符理论，并且在数学上是等价的。

【解释】前面我们探讨过数学的本质，数学只是描述实相的工具罢了。数学可以用来描述现象实体，也可以用来描述自在实体。对于看不见的自在实体，数学是科学家的眼睛。

爱因斯坦相对论中，时间变慢只是现象实体中的时间变慢。对于自在实体，是没有时间这个概念的。

空间弯曲只是现象实体中的空间弯曲罢了，空间这个概念只是认知的错觉罢了。对于自在实体，并无空间这个概念。

尺缩效应也只是现象实体中的长度变化罢了。既然长度和时间是现象实体，速度为长度除于时间，所以速度也是现象实体。光速也是现象实体。光速与观察者相关，这是观察者所呈现的现象实体的极限。所以光速是最高速度。在不同的参照系中，光速是不变的。谈超光速是无意义的。

质量随着速度而发生变化。既然速度为现象实体，质量也是现象实体。我们眼中的质量是现象实体而非自在实体，只是现象实体发生变化罢了。

数学只是指向月亮的手指罢了。薛定谔方程、海森伯的矩阵力学和狄拉克的算符理论，并且在数学上是等价的。原子系统的实相只有一个。薛定谔描述现象实体，用了薛定谔方程；海森伯描述现象实体，用了矩阵力学；狄拉克描述现象实体，描述原子系统的实验现象，用了算符理论。然而，这些数学工具虽然形式上不同，但是都属于指月的手指罢了。正如我们用汉语、英语和梵文分别说莲花。语言文字也属于现象实体层次，并不属于自在实体。这些现象实体都指向自在实体。

原子系统类似于太阳系，也是有条不紊地运动的。三种理论只是描述原子系统的影子罢了。五种超弦理论已经被证实是等价的。然而，数学描述宇宙实相，描述物自体或者说自在实体，都具有不完备性。在哥德尔定理中已经讲明白了。用语言文字来描述自在实体，也具有不完备性。语言文字并非自在实体本身。但是没有语言文字，没有数学工具又无法表达。所以，需要于语言文字而离语言文字；于数学而离数学。

4. 薛定谔方程的猜想

【原文】薛定谔方程的由来是一个谜。薛定谔方程决不可能是周公托梦的产物。薛定谔一定是在一个具体的物理模型下，进行相关的数学推导获得的。薛定谔保持其方程神秘性，同时又对概率波解释持不赞同态度，有其个人必然（难言）的原因，这实在是令人费解。

我个人猜测，薛定谔所用的模型很可能是轨道共振模型……由于当时对于氢原子的电子轨道运动持否定态度，因此该模型就不具备前提条件，即论文要被接受和发表，首先应解决轨道的稳定性问题。

【解释】薛定谔方程历来都被别人当成公理来看待。也许找不到解释的办法就要把这个方程当成公理来看待吧。原文中猜测薛定谔当年也是用这个原子模型来推导出薛定谔方程的，只是没有把推导过程公布出来罢了。因为当时经典原子理论不被大家所接受。

但是，我有保留意见。西方的薛定谔在频域空间、概率空间研究电子运动规律。而频域空间、概率空间都是属于现象时空。整个量子理论都是建立在现象时空的产物。薛定谔受他老师的指点，看能否用波函数来描述粒子的运动。由此找到了薛定谔方程。前面我们曾经从电子的椭圆运动投影，生成了简谐振动，从而推导出了薛定谔方程。

东方的罗教明研究思路不同，在自在时空研究电子运动规律。通过数学工具分析看不见的自在实体，分析电子的真实运动。通过找到圆周运动的共振驻波或者简谐振动波，而推导出薛定谔方程。

东西方这两条研究路线都是相通的，正所谓条条道路通罗马，两个都是对的，只是所处的层次不同而已。

首先要肯定的是，原子系统和太阳系是和谐统一的，原子系统的运动就是那么简单。并不是像西方科学家描述的电子云那样，不可捉摸。电子云只是现象实体，只是频域空间、概率空间的产物，并不是自在实体。原文中所坚持的模型是对的。但是，也许发生共振还需要外在的激励和条件的。如果认为是由于外在的能量激励以太，以太产生共振的波动，同频刺激原子系统而产生共振，这一点就不敢苟同了。以太应该是不存在的。其实要产生简谐振动很简单，只是原子系统三维到二维的投影罢了，不需要外在的刺激，只是观测就可以了，不需要什么额外的条件。我们可以通过椭圆运动的投影，推导计算出薛定谔方程。正如量子纠缠并非一个量子传递信息给另外一个量子，仅仅是由于量子之间互相有关联，所以能够瞬间知晓另外一个量子的信息。

不必把这个功劳让给西方人，也许的确没有从原子模型推导的。这是中国科学家做出的创造性的工作，也是让真正的科学回归的工作。

5. 真理如此简单

【原文】氢子结构和光谱是量子力学解决原子结构和光谱最为成功的例子，由于计算出的氢原子光谱的精确程度已经超过了实验测量的结果，因此被誉为目前最精确的理论。量子力学是建立在一系列基本假设基础之上，但对于原子分子的基态不能进行"物理"的说明（或证明），更不能解释带电粒子的电磁性质。因此，我认为量子力学并不是原子结构的终结理论，经过二十多年的努力，采用已知的经典物理理论，对氢原子的轨道结构及共振进行了认真细致的研究，得出了辐射耦合状态下的氢原子基态，及其共振的数学表述，并经相关的数学变换，推导获得了与目前量子力学中的普朗克量子假设和氢原子定态薛定谔方程，完全一致的数学方程。

【解释】氢原子结构就是如此简单，这是氢原子的自在实体结构。之前发展起来的量子理论属于描述现象实体的，所以人为搞复杂了。薛定谔方程、电子云图等都是现象实体的产物。宇宙是如此的简洁和完美。这也是爱因斯坦毕生所追求的。大道至简，有时候简单得不可思议，让人不敢相信。真理并不是刻意去迷惑世人，而是世人自己迷惑自己罢了。真心自性并非刻意去迷惑世人，而是世人自己迷惑自己罢了。只是由于现象实体迷惑了世人的眼睛罢了。只需要作致良知的功夫就可以恢复本有的良知，找到本心原来的面目，不忘初心。只需要回归简洁的原子行星模型，就会找到真理。

为什么这么多年来，量子理论争论不断呢？量子理论是建立在现象实体，现象时空的产物。电子椭圆运动的投影生成了波动影子，从各个角度形成波动的影子。我们想象电子围绕原子核做椭圆运动，从各个角度来看电子运动轨迹。从椭圆逐步变扁，有无数个视图，这些椭圆视图投影而形成波动的影子。

波动的影子也是现象实体，是由观察者和电子的真实运动综合作用生成的。从这些影子叠加而有了叠加态，从这些影子推导出了薛定谔方程。薛定谔方程也是描述现象实体的，也是现象时空的产物。而电子云图是薛定谔方程的解，也是现象实体的产物，也是现象时空的产物。经过这一系列的变换，已经从自在时空变换到了频域空间、概率空间，已经属于现象时空了。本来有规律的运动变得面目全非了。

我们所研究的电子，也是属于现象实体，而电子的自在实体是怎么样的，我们还无法去知晓。多少年来，我们习惯性地把这些现象实体研究的成果当成了原子系统的自在实体本身。

罗教授是直接通过数学的眼睛描述看不见的原子系统。而这里是沿着西方的现象实体的思路，来解释为什么西方科学会被蒙蔽了这么多年。请注意，秘密就在这里。电子云图、薛定谔方程等并不是描绘自在实体，而是描绘现象实体。我们所有的实验都在现象时空中进行，所以理所当然的，也是在验证薛定谔方程。梦中验证梦，梦中说梦，当然也绕不出梦。实验只不过是用谎言来验证谎言罢了。从薛定谔说了第一个谎言开始，如同打开了潘多拉的盒子，大家一窝蜂上去了。得到了测不准原理谎言、物质波谎言。测不准原理更是具有迷惑性，把大家带到了不归路。认为非经典就是测不准的。但是总有梦醒的一刻，真理之光就显现出来了。

在我遇见物理学困惑的时候，曾经多次请教赵国求、罗教明、甘永超和王志佳教授，他们深厚的学术造诣丝毫不逊色西方科学家。他们对于真理的执着追求和耐心的解答令人感动，也可以预见未来十年内物理学的主阵地在东方。

第七章　赵国求语录

1. 东方新阵地

东方一批研究物理实在论的物理学家，正在将东西方文化融合，开辟了量子力学研究的新思路。在科学的源头开辟了中国人的阵地。可以预见，第二次量子革命的主战场在东方，而传统文化正是突破物理学研究的利器。其中的代表人物有罗教明和赵国求等。

赵国求教授几十年如一日地努力，也获得了巨大的成就。其代表著作为《物理学的新神曲——量子力学曲率解释》《从相互作用实在到量子力学曲率解释》等。

武汉大学桂起权教授评论《物理学的新神曲——量子力学曲率解释》曾说："作为联系科学与哲学的纽带，赵国求提出了相互作用实在论，关键在于区分了现象实体与自在实体这两个层次。在微观领域，观察作用是不可忽视的，我们观察到的已不是作为自在实体的'电子'，而是作为观察作用与自在实体综合产物的现象实体。"关键点在于区分现象实体和自在实体这两个层次，一语中的，这一点的确是很最重要的。东方新思路已经在逐步逼近真理，逼近宇宙实相了。为了和科学界对接，我们用科学家的语言来表述。多少年来，我们习惯于将语言文字当成实相本身，当成自在实体本身；习惯于将白马等同于马的实相本身，然而，马的自在实体并非等同于马的现象实体，可以说白马为现象实体。爱因斯坦的月亮现象实体是有颜色、有形状的，是离不开观测的。只有被观测的一瞬间，同时创造了月亮的现象实体。王阳明的山中之花只有被观测的时候，才创造了花的颜色和形状。如果不观测的时候，花归于寂静，归于自在实体，归于物自体。观测公孙龙的石头的时候，才能够创造石头的白；如果不观测，石头又归于自在实体，归于寂静。去摸公孙龙的石头的时候，才创造了石头的坚；如果不去摸，石头又归于自在实体，归于寂静。量子纠缠也是如此，只有一个量子被观测，被测量的一瞬间，创造了量子的一种状态，生成了现象实体。同时由于量子自在实体之间有一定的关联性，一瞬间就可以知道另一个纠缠量子现象实体的状态。请注意，观测的同时，产生并知道现象实体，这是"知行合一"的。

现象实体为观察作用与自在实体综合的产物。王阳明的山中之花为观察作用与花的自在实体综合的产物。爱因斯坦的月亮是观察作用与月亮的自在实体综合的产物。请注意，月球并非月亮的自在实体。月亮的自在实体是没有颜色、没有形状的。光的波粒二象性是观察作用与光的自在实体综合的产物。光的自在实体并不是波粒二象性的，只是观测创造罢了。我们一直以为电子是客观实体，然而电子却是现象实体。手指触碰琴的一瞬间，产生了琴声。琴声对应于现象实体，而琴对应于自在实体。我们眼中的世界都是现象实体，如同琴声一样如梦如幻。我们眼中原子系统的波动，只不过现象实体罢了，也就是原子系统从三维到二维的投影罢了。薛定谔方程把这些现象实体、影子进行叠加。

桂起权教授还说："我认为，相互作用实在论的价值在于（由赵国求提出基本框架，他的合作者们进一步完善了它），一方面肯定了主体与客体之间存在着能动的相互作用，另一方面又坚持了科学实在论。从而与'机械唯物主义与不可救药的唯心主义'划清了界限。我觉得相互作用实在论并不孤立，它与罗嘉昌及胡新和的关系实在论、成素梅的《论科学实在》相互呼应，并组成相似族。"区分自在实体和现象实体，这可以说是科学实在论，并非机械唯物主义。由此可见，阳明心学并非不可救药的唯心主义，心物一元并非不可救药的唯心主义。禅宗反反复复、苦口婆心地给大家说，指月之指非明月，指向月亮的手指并非代表着月亮本身。手指指向月亮的现象实体，现象实体有颜色，有形状，而现象实体并不等于月亮的自在实体。为什么这么难突破这一点呢？这一点就是禅宗所提出来的破除相的执着。外离相即禅，内不乱即定。将现象实体和自在实体剥离，这是在做离相的事情，也就是无上甚深禅。这也是为什么爱因斯坦思考月亮这个问题几十年没有能够得到答案的缘故。而谜底就蕴含在博大精深的东方传统文化当中。

2. 自在实体

【原文】指未经观察的"自然客体"。"自在实体"不同于康德的"物自体"，更强调了其客观实在性及经验上的可理解性。它不是形而上，是形而中，可以认知、建构。观察可以使"自在实体"从未知变成已知。"月亮在不看它时作为月球照样存在"，"月球"就是我们所称的"自在实体"，不是观察后的呈现物，观察后的呈现物是"月亮"。

【解释】关键点在于区分了自在实体和现象实体两个层次。共振氢原子模型中电子围绕质子做椭圆运动。这是在自在时空研究电子的真实运动规律。

当我们去观测这个自在实体的时候，椭圆运动变成了简谐振动了，三维投影成了二维的波动了。这个波动的影子属于现象实体。无数个波动的影子的叠加，就得到了薛定谔方程。这个推导过程在这里就不重复介绍了。

爱因斯坦一直思考月亮的问题。我们可以用数学来描述月球的自在实体。但是如果靠近了，看到圆圆的大圆球，这个也是属于现象实体。在地球上看月亮的一瞬间，心和月亮自在实体的相互作用，生成了现象实体，也就是我们眼中的月亮。阳明先生十一岁时作诗："山近月远觉月小，便道此山大于月；若人有眼大如天，还见山小月更阔。"如有巨人的眼大如天，从太阳系外看地球的运动，在无投影情况下，地球如同在一个近圆球表面运动。同样可用薛定谔方程来描述。

3. 现象实体

【原文】现象实体是"自在实体"通过观测信号作用，由人的感官或感官的延伸，感知并与大脑神经系统综合作用引起的系统的、稳定的、深刻反映事物本质的理性认知物。既与"自在实体"本身有关，还与中介信息和人的视觉识别能力及观察环境有关。"月球"通过观察转化成为"月亮"，转化成"为我之物"。"月亮"就是"现象实体"。现象实体作为物理学研究对象时，就构成物理实体。现象实体概念的提出，在我的论文和著作中已有近20年的历史，也曾在相关的合作论文中追溯了康德哲学的起源，并在核心期刊发表。

【解释】现象实体为自在实体与观察者综合作用的产物。虽然将现象实体与自在实体分离，似乎只是迈出了一小步，实则是科学的一大步，是科学与传统文化融合具有革命性的一步。

前面我们已经讨论过阳明心学中离相的概念，离相就是将现象时空与自在实体分离。不仅仅是在道理上讲明白，还需要我们在内在实证。而内在实证的结果却无法用语言跟别人讲清楚，只可意会不可言传。正像唐僧所说的那样，如人饮水冷暖自知。

一花一世界，一叶一菩提。语言文字也是小宇宙，有自己的时空，要离语言文字相，就是脱离这个时空；数学语言也是小宇宙，也有自己的时空，要离数学语言相，也要脱离这个时空。量子理论是建立在现象时空的产物，也要离量子理论相，也要脱离这个时空。不识庐山真面目，只缘身在此山中。在具体的宇宙当中是看不清楚的，需要跳出那个时空。

量子理论是建立在频域空间、概率空间的产物，需要跳出这个时空，转化到时域空间就好理解了。

4. 道可道

【原文】物质的存在形式，物质运动持续性和广延性的量度。自然界既没有脱离物质的时空，也没有脱离时空的物质。道可道，非常道，哲学中的"时空"是常道。人类通过感性经验认知的时空，称作经验时空。以科学原理和科学方法指导认知的时空是科学时空。牛顿时空，狭义相对论时空，广义相对论时空，量子力学时空，是经验时空的科学提升和科学发展，称作物理时空。物理时空是科学时空。描述现象实体的时空是现象时空。经验时空、物理时空均是现象时空。而未经观察的"自在实体"所在时空，称为"本体时空"。"本体时空"是复数的，因此，人类实质生活在复数时空中。实时空是人类对时空认识的简化。

【解释】关于时空问题，这里有点不同的见解。

以科学原理和科学方法指导认知的时空是科学时空。科学时空是通过数学的眼睛描述看不见的自在实体。比如电子的椭圆运动属于科学时空。但是，科学时空并不等于物理时空。当然，数学工具也可以描述现象时空。

物理时空中最基本的概念，比如时间、空间、长度、速度、质量和能量都属于现象时空，而非物理时空。在薛定谔的《生命是什么》一书当中，我们曾经探讨过物理学是关于影子的学问。物理时空即是影子世界，即是现象世界。

狭义相对论中时间变慢的效应，也是在现象时空中变慢。如果离开现象时空，是没有时间这个概念的。

狭义相对论中的尺缩效应，也是在现象时空中变短。

电子真实运动为椭圆运动，生成波动的影子，这是现象实体。从简谐振动的现象实体，可以推导出薛定谔方程。薛定谔方程可以很好地描述现象实体，可以描述影子的叠加，描述叠加态。而薛定谔方程的解就得到了电子云图。电子云图也是描述现象实体的。

量子理论可以说是在现象时空发展起来的理论，而实验又是在验证现象时空。如同梦中说梦，自己验证自己。用谎言验证谎言。薛定谔方程、电子云图等都是在现象时空里面做文章的，搞得高深莫测，都是搞的假象，误导了世人。而罗教明教授的共振氢原子模型，则是直接勾勒出了自在实体，描述了电子的真实运动。

当然，现象实体相关的理论并不是没有用，相反是最有用的。因为实验都是在现象实体中进行的，当然实用了，也很符合。只是真正的科学是追求真理的，并非实用主义就可以。科学需要回归，回归到追求真理的大道上来。

前面我们已经知晓，根据哥德尔不完备定理，现象实体不代表自在实体，这个谎言总会有破绽的。即使在现象实体内部不断地推理，也有不完备之处。所以就有了相对论和量子理论不可调和的矛盾。

经验时空、物理时空均是现象时空。其实并不存在着这么多的时空概念，只是人为的一种划分罢了。仅仅需要有自在时空和现象时空就可以了。自在时空虽然说有时空两个字眼，但是实则无时空的概念的，只能通过数学的眼睛来描述。时间是现象实体，空间也是现象实体。

电子本身也是现象实体。是的，不要惊讶！观察者和电子自在实体的共同作用，而生成电子这个现象实体。观察者属于高级测量工具，最小的测量时间为普朗克时间。每隔一刹那就可以测量电子自在实体一次，测量的一瞬间，就产生了电子现象实体。由于是不连续的，所以电子也是跳跃的，也是不连续的。

玄学在《道德经》中有明确的定义："无名，天地之始。有名，万物之母。故常无，欲以观其妙。常有，欲以观其徼。此两者，同出而异名，同谓之玄。玄之又玄，众妙之门。"

我们一起来探求真理，一起进入众妙之门。天地万物本身是无名相的。这里所说的名代表着相，语言文字也是属于名相。语言文字也是一个小宇宙，也有自己的时空。理解真相，需要脱离语言文字的时空，也就是离语言文字相。我们眼中的月亮影像也是名相。电子椭圆运动的投影是名相，波函数也是名相，薛定谔方程也是名相。如果要追求万物的实相，需要破除语言文字相，破除名相。名相用科学语言来描述，等同于现象实体。

有了名相，可以说这是万物之母，万物都离不开名相，万物即是名相本身。万事万物本身包含着主体的信息，包含着观察者的信息。所以要去除名相，才能观察到大道的要妙。但是也不能完全去除名相，如果去除名相又没有任何的依托。去除了语言文字，又无法载道。万物都离不开心灵。如果离开了指向月亮的手指，又无法知晓月亮的方向。万事万物当中都可以观察到大道的行迹，万事万物之中都存在理。随时随地都可以体认天理。无名和有名，这两者是互为阴阳的，本来都是一个事情，只是起了不同的名字罢了。无和有之间并不存在屏障，正如万物和心之间并无明显的界限。阴阳合起来称之为玄。互相纠缠的两个粒子也是互为阴阳的。阴中有阳，阳中有阴。阴极则阳，阳极则阴。这就是玄之又玄，这是天下玄妙之门。如果能够内证至此，就是得道了，就是明心见性了。这也是西方哲学家中的真理，真理即是道。

阴阳的推移，循环往复，如同电子的椭圆运动。周而复始，合久必分，分久必合。经历一个循环，又不忘初心。玄之又玄也可以解释为这种阴阳推移的椭圆运动的。观测电子的椭圆运动，可以分化出许多的投影，得到许多的影子视图，得到本征态，这个是分。而把许多的影子视图恢复起来，就得到了薛定谔方程，这个是合。时域空间的任意波形这个是合，可以用傅里叶变换成频域空间的正弦波叠加，这个是分。然而再高深的数学工具，也只是描述的工具而已，只是指月的手指，都无法代表着电子的实相本身。薛定谔方程已经留下了观测者斧凿的痕迹了，电子云图中主体信息是注定不能排除的。

5. 相对时空

【原文】时空不是绝对的，相对时空有更广阔的含义。不同的认知层次有不同的时空对应。人们不应该将所有的现象实体归于某一时空描述，或者用一种时空的性质去否定另一种时空的存在。

【解释】古代公孙龙有关于石头和白马的学问。

用手去摸石头，一瞬间可以得到坚；用眼睛去看石头，一瞬间可以得到石头的白。白和坚可以说是现象实体。手的感知，这属于一个时空；眼睛去看属于另外一个时空。假如一个人分别只有一种感官，两个人必定会争吵不休，如同爱因斯坦和波尔那样争论一辈子。谁也无法说服谁，谁也无法否定谁。虽然相对论、量子理论都属于现象时空的产物，但是两者观测的角度不同，也无法简单地统一。

眼睛去看马的一瞬间，可以生成白马，白马是现象实体。而马为自在实体，现象实体并非自在实体，所以公孙龙说白马非马。

6. 时空转换

【原文】量子测量中"量子态和时空的坍缩"是不同物理时空的转换，希尔伯特空间只是它们的共同数学应用空间。

【解释】自在时空只是一个描述的概念罢了，在自在实体那里，时间不复存在，空间不复存在。

自在时空当中，电子绕原子核做椭圆运动。当我们去观测电子的自在实体的时候，自在实体和观测者共同作用，从自在时空一下子转换到了现象时空，创造了现象时空，产生了电子，电子也是现象实体。电子椭圆运动的投影，产生了简谐波动，波动即是现象实体。从波动影子可以推导出薛定谔方程。薛定谔方程很好地描述现象实体，并以为这就是电子的真实运动情况，是测不准的。通过解波动方程，可以绘制出电子云图。以为这个就是电子运动的情况。这完全是人为制造的假象。

观测阳明的山中之花的一瞬间，从自在时空一下子创造了现象时空，创造了花这个现象实体。对于爱因斯坦的月亮、薛定谔的树、公孙龙的石头和马都是如此的。

什么是坍缩的本质呢？薛定谔方程、电子云图、电子运行轨道都是建立在频域空间、概率空间的产物，都是现象时空的产物。观测的时候，对应于时域空间，这就实现了空间的转换。从频域空间转化成时域空间。物理学家习惯性地在非经典、测不准的频域世界中研究，停留在其中乐此不疲，用高深的数学工具来计算。观测的时候，使得他们一下子从那个空间回到了现实，这就是坍缩的本质。由于科学家无法用言语来解释清楚，所以起了这个神秘的名字。

7. 自己天空

【原文】从牛顿力学到狭义相对论力学再到广义相对论力学，时空发生了变化，但人与客体的关系没有变，主客二分；而现有量子力学则不同，时空没有变化，但是人与认知对象之间的关系发生了变化，量子现象对主体存在依赖性，它如何转换到时空中变成时空的变化，实现主客二分，现有量子力学没有做出很好考虑。量子力学与经典力学中的许多矛盾可能与此有关。量子力学必须有自己对应的时空。

【解释】每个人都想拥有属于自己的天空。

如果从广义的时空概念来讲呢，一花一世界，一叶一菩提。一朵花也是一个小宇宙，一片叶子也是一个小宇宙。既然是小宇宙，也就有了自己的时空。

语言文字属于现象实体，属于相，也有自己的时空。然而文以载道，文并不是道本身，并不是自在实体本身。需要借助语言文字的时空来说明自在实体，但是又要超越语言文字，要不只能是在现象时空中打转罢了。

数学语言也属于现象实体，属于相。三种量子理论的数学工具被证明是等价的。五种超弦理论的数学工具被证明是等价的。数学语言也有自己的数学时空。如果没有数学语言，就无法描述自在实体，也无法描述现象实体。用数学来描述现象实体，等同于现象实体自己指向自己，就很难超越自己了。知人者智，自知者明。人往往不了解的就是自己，特别是自己的本心。于数学时空很难超越自己的时空,所以哥德尔定理描述了这个难处,无法证明真,也无法证明伪。

量子力学也有自己的时空。薛定谔方程描述电子椭圆运动的影子,描述现象实体。电子云图也是描述现象实体。电子本身也是现象实体。整个量子理论的大厦都是建立在现象实体的流沙之上的,如同空中楼阁,如梦如幻,如何能够坚实呢?量子理论还搞了更复杂的时空转换,从时域空间转化到了频域空间、概率空间。这么折腾,自己把自己折腾得迷了路了。

8. 终极原因

【原文】狭义相互作用原理的完整表述:自然界中一切物体在时空中的形象和状态都是由物质间的相互作用形成的,既包括基本自然力作用,也包括人类观测世界使用的观测信号作用。"相互作用是事物的真正的终极原因"。

【解释】原文中讲:相互作用是事物的真正的终极原因。

眼睛去看阳明的山中之花,心和花的自在实体作用的一瞬间,就生成了花这个现象实体。

相互作用是产生事物的终极原因。日常我们把现象实体等同于自在实体本身。然而,我们做科学实验,都是在经验时空,也是在验证现象时空中发生的事情,所以更加地真实。以为这个就是真理。这仅仅是在用谎言来验证谎言罢了。

9. 时空变化

【原文】狭义相互作用原理有两个推论:推论一:没有相互作用,物质无以形成时空中被观测的形象结构。推论二:时空变化之所在,即为"物体"之所在,也是场源之所在。

【解释】关于推论一:如果没有相互作用,没有电子椭圆运动和观测者之间相互作用,就没有波动的影子,没有本征态,就没有薛定谔方程。正是由于观测的相互作用而产生了波动的影子,波动的影子叠加而得出了薛定谔方程。通过解波动方程,得到了电子云图。电子云图为描述现象实体的形象结构,也是观测和自在实体之间共同创造的产物。电子云图是频域空间、概率空间的产物,并非电子运动的实相本身。共振原子模型或者说波尔行星模型才接近于真实的原子系统本身。

关于推论二：观测的一瞬间，自在时空坍缩成了现象时空。一说坍缩，显得很高深莫测。我们可以讲得浅显一点，观测的一瞬间，观察者和电子的自在实体共同发生作用而创造了电子，电子也是现象实体。从频域空间、概率空间转化成了时域空间。

10. 电子是什么

【原文】 在原子世界电子是波粒二象性的统一体，其"现象实体"需要通过第三种方式去建构。波粒二象性的统一是个什么样的实体，电子是什么，至今仍在折磨人类的思维。

【解释】 电子是观察者和电子自在实体之间综合作用的产物。

不仅仅是电子是如此的，月亮也是如此。天下万事万物都是如此。所以说，万事万物如同镜中花，水中月。

薛定谔方程也是描述现象实体的。不仅仅是薛定谔方程，整个量子理论大厦都是建立在现象时空。

然而，我们的经验，所做的实验，也都是在现象时空中进行的，也是在互相印证，更加重了这种真实感。

11. 只可逼近

【原文】 最初观察的是现象，现象通过现象实体与自在实体（本质）联系。自在实体只可逼近，不可穷尽。现象不等于本质。歪曲本质的现象是假象，假象不能建构现象实体。

【解释】 现象实体和自在实体分离，这个是离相。自在实体只可以逼近，不可穷尽，可以用数学工具描述，无法通过实验来证实。因为实验本身也在现象时空打转。

薛定谔方程描述电子椭圆运动投影，描述现象实体。投影是假象，波动方程是假象。电子云图是假象。整个量子理论都在现象时空，都属于假象。

12. 认知层次

【原文】 认知层次不同，观察到的现象不同，建构的现象实体不同，现象实体不同，现象时空也不同。当把"现象对观察者的主观依赖性"转化为描述时空的属性后，就可实现研究对象的客观描述。

【解释】认知层次不同，就有了不同的现象实体。薛定谔有自己的理论，其他两种理论在数学上也跟薛定谔方程等价。

手有手的认知层次，可以感觉到石头的坚；眼睛有眼睛的认知层次，可以认识到石头的白。这不仅仅是认识，而且是产生了石头的白和坚，这也是"知行合一"的。

想象一下，我们从原子外部乘坐飞船逐步缩小飞入原子系统。观测者和电子运动的自在实体共同发生作用，而产生了波动影子，产生了本征态。从波动影子推导出了薛定谔方程。

随着飞行进入原子内部，电子和原子核变得更加清晰了。电子绕原子核做椭圆运动。这时候，就如同我们在宏观世界了，观测电子创造的现象实体，就好像是我们观测月亮一样。不再是波动的，而是一个大饼了。这个大饼也是现象实体，而非电子的自在实体。薛定谔方程在这时候无法用了。在原子系统里，如果涉及高速运动，相对论也是适用的。而对于太阳系外面的巨人来说，可以用量子理论来研究太阳系。如此就统一了相对论和量子理论。

13. 质点模型

【原文】日本的板田昌一、汤川秀树，法国的托姆均认为量子力学的主要困难来源于不合理的质点模型。弦理论、圈理论均是非点模型理论，是对质点模型的改造，还在发展之中。但是，弦理论、圈理论的共同特征是将微观客体隐藏的空间自由度均置于实空间，空间变成了 11 维或更高维，既不好理解，也增加了数学的难度。理论的发展好像让人越来越远离了物理，越来越看不到成功的希望（斯莫林，物理学的困惑，李泳译，湖南科学技术出版社，2008年）。

【解释】薛定谔方程、电子云图和电子运行轨道都是在频域空间、概率空间研究电子运行规律。在电子云图中，点表示电子出现的概率，并不是真实的电子实体本身。所以必定是点而不是现象实体。在时域空间描述电子的公转、自转、半径、转速才有意义。

电子在电子云图中的位置，并不代表着电子的真实位置，而是电子在那个位置上出现的概率。不同运动方向、不同速度大小的电子只要出现在那个位置上，都会给概率加一分。所以知道了电子在电子云图中的位置，同时就无法确定电子的速度。谈在那个位置的速度是没有任何意义的。

　　同样的道理，当我们知道电子的速度的时候，这是在时域空间。有这个速度电子，可以出现在许多的位置。所以知道了速度，就无法确定电子的位置。

　　传统的角度，从波长和互相影响来解释测不准原理，这是用谎言来解释谎言的。物质波的概念是多余的，同时测不准原理也是多余的。

　　在这里我们破了测不准原理的相，摆脱了测不准原理的束缚，使得我们回到了牛顿经典美丽的天空。

第八章　薛定谔语录

1. 薛定谔的渴望

【原文】我们从先辈那里继承了对于统一的、无所不包的知识的强烈渴望。最高学府（大学）这个名词使我们想起了从古到今多少世纪以来，只有普遍性才是唯一可打满分的。可是近100多年来，知识的各种分支在广度和深度上的扩展使我们陷入了一种奇异的两难境地。我们清楚地感到，一方面我们现在还只是刚刚开始在获得某些可靠的资料，试图把所有已知的知识综合成为一个统一的整体；可是另一方面，一个人想要驾驭比一个狭小的专门领域再多一点的知识也几乎不可能的了。

【解释】这是薛定谔在其专著《生命是什么》的序言中谈到的内容，想必他把自己最想说的话放在了前面。本章的原文都是选自这部专著。

这不仅仅是薛定谔的愿望，也是古往今来学者共同的心声。

爱因斯坦矢志不渝地追求大统一理论，虽然没有能够最终完成，但是也留下了未竟的事业。然而可惜的是，爱因斯坦没有机会深入探求东方哲学，否则爱因斯坦就可以完成了。但是，这个大统一理论并非像他最初想象的那样，不是一个公式，也不是一族公式、一族定律，而是进入了手中无剑，心中亦无剑的境界。公式定律就是物理学家手中的剑。

爱因斯坦曾经说过："西方科学的发展是以两个伟大的成就为基础的：希腊哲学家发明形式逻辑体系（在欧几里得几何学中），以及（在文艺复兴时期）发现通过系统的实验可能找出因果关系。在我看来，中国的贤哲没有走上这两步，那是用不着惊奇的。作出这些发现是令人惊奇的。"形式逻辑系统只是数学语言，属于数学时空，这也是现象时空的产物。在这个时空打转，虽然可以得到许多的新的推理产物，也可以和实验吻合。但是，并不是自在时空，并不是实相。实验只不过是用谎言验证谎言罢了。由此可见，爱因斯坦对于东方哲学不够重视，未能遇见阳明心学这样的利器，所以也遇见瓶颈了。

然而，薛定谔则不然，薛定谔多次提及东方哲学，特别是印度的《奥义书》。也许苏格拉底、柏拉图、康德、叔本华和尼采等都是西方见道的贤哲，只是西方人不知道他们的道和东方的道本来是相同的罢了。在西方贤哲的眼中，道等同于真理。正所谓万法归一，都可以归于阳明先生的致良知之说。

古人讲：外离相即禅，内不乱即定。离相即是无上甚深禅。什么是离相呢？离相就是要把外在的表象，外在的色相与实相分离。这个分离并不是在道理上讲通就行了，还要在内心完成印证。王阳明先生在贵州龙场顿悟而得道，就是一瞬间顿悟而印证了。当前中国科学家创造性地把现象实体和自在实体分离，这也与禅宗、心学有异曲同工之妙，正所谓英雄所见略同。由此可见，离相即是得道，即是禅，这是最简单而又是最难的事情。所以爱因斯坦的月亮、薛定谔的树、王阳明的花、公孙龙的石头和白马这些公案才能够成为公开的秘密。最简单即是最难，而最难即是最简单的。

电子是现象实体，是观察者和电子的自在实体综合作用的产物。时间、空间、速度、长度、质量和能量都是现象实体。薛定谔方程是描述现象实体的工具，电子云也是描述现象实体的工具。相对论也是如此。

如果能够致良知，能够恢复本心，就可以一通百通，就可以圆融贯通了。这就是薛定谔所渴望的。孔子用一句话表达了自己的渴望。朝闻道，夕死可矣。孔子把此道看得比自己的性命还要重要。阳明先生传承了孔子的正统心法。也可以说，薛定谔所渴望的就是孔门心法。这是千百年来中华文明的自信所在，这也是文化自信的根本原因。此道为无价之宝，上可安邦定国，中可成就大医，救百姓疾苦，下可破解物理学。

知识是无止境的，然而致良知、得道了以后，就会发现本心具足一切智慧。西方并不是没有致良知的贤哲，而是世人不识罢了。西方古典哲学的明珠就是形而上学。然而，现在却被西方人无情地抛弃了，正所谓明珠暗投了，本心上面蒙蔽了太多的灰尘。西方的物理实在论就是重新发掘古典形而上学的本意。在东方哲学里，形而上者谓之道，形而下者谓之器。形而上就是要上达于道，形而下的就是要向下研究万事万物。万事万物如何研究得完呢？

2. 薛定谔的树

【原文】当然，还有许多精心构思的无稽之谈存在于人们的头脑中，妨碍他们去接受这种简单的认识。比如，我的窗外有一棵树，但我并没有真正看到它。这颗真正的树通过一些巧妙的设置使它自身的映像投入了我的直觉之中，那就是我所感觉到的东西。而关于这些巧妙的设置，只有它们最初的相对简单的几步是探索到了。如果你站在我的旁边望着同一棵树，树也设法把一个映像投入你的知觉。我看到的是我的树，你看到的是你的树（非常像我的树），而这棵树自身是什么？我们并不知道。对于这种过度夸大的言论，康德是要负责的。在认为知觉是一个单数性名词的观念中，很容易换成另一种说法，即显然只有一棵树，而所谓映像之类不过是一种无稽之谈而已。

【解释】薛定谔的树、王阳明的花、爱因斯坦的月亮、公孙龙的石头和白马，这些公案里蕴含着同样的秘密。

为什么被称之为公案呢？公案就是公开的秘密。然而，公开的秘密为什么我们都不能看出来呢？

古人有一句话：正法眼藏。真正的正法，正道正统，真正的真理如同有障眼法一样，世人很难看得出来。并不是孔门正法迷惑世人，而是世人自己迷失了而已。如果世人作致良知的功夫，恢复了本心，就可以看到正法正道了。这些公案就可以不言自明了。

为什么这些秘密看似如此简单，但是又这么难呢？正所谓大道至简，虽然简单，但实属不易。树的名字并不等于树的实相本身，这就要破解语言文字相。树的投影并不等于树的实相本身，这就要破实相。虽然说破语言文字相，但是却离不开语言文字。如果离开了语言文字又无法表达。正所谓文以载道，文字都是为了指向大道的。能够做到于相而离相，并不是那么简单的事情。外离相即禅，内不乱即定，合起来称之为禅定。无上甚深禅，就是离相，大家觉得难不难呢？有些人修了一辈子都没有得道，这是很难的。阳明先生那样的悟性，直到36岁时，在贵州龙场那个地方才顿悟而得道。虽然说难，但又是最容易的，只是世人的心有尘垢罢了，不能恢复本有的良知罢了。

在这里薛定谔还提到康德的物自体。我们观测树的同时，树的颜色一下子鲜明起来。正是我们观测树的同时，创造了树的形状，可是，我们不知道树的实相到底是如何的。树的实相就是物自体。

观测一次树，就得到树的投影；从不同的角度进行观测，就得到不同的投影。观测一次原子，就得到电子的投影。电子真实运动是椭圆运动，投影可以用波动函数描述。观测一次就得到一个本征态。多次观测的叠加，也就是影子的叠加，这就是叠加态。

由此可知，薛定谔的树当中，蕴含着量子理论最高的秘密。每一物都是载道的，所以年轻的阳明去格竹子，要把竹子的理搞清楚。一物必有一理。理和物互为阴阳，理是对于物的限制。物理学本质上是研究万物之理的学问。虽然每一物都有秘密，但是如果针对物去做功夫，就反了，这样是事倍功半的事情。我们只需要反求诸己，作致良知的功夫就可以了。

大家都知道皇帝的新装的故事，我就是那个天真的，说破谎言的小孩子。

我只是在追求真理罢了，说了实话。也许有人会觉得不可信，也许还会笑话，也许还会诋毁，这些都是预料之中的事情。当年阳明先生弘扬正学的时候，遇见不少这样的事情。正所谓不笑不足以为道。

3. 荣格谈心灵

【原文】当我继续考虑，为了获得一副暂时较满意的世界画面而将认知主体排除于客观世界之外所需付出的高额代价时，荣格作了进一步论述，指责我们是在无法逃离的困难局面下支付赎金。他说："所有的科学都是心灵的活动，我们的一切知识都来源于心灵。心灵是所有宇宙奇迹中最伟大的，它是作为客观事物的世界的必不可少的条件。令人大惑不解的是西方世界（除了极少的例外）似乎毫不感念心灵的作用。来自外界的认知对象倾泻而来，使得认知的主体退回幕后，不复存在。"……我们了解到荣格抱怨在我们描绘的世界中摈弃了意识，忽视了心灵。

【解释】荣格是西方著名的心理学家。阳明先生谈心学，我们看看西方心理学家如何谈心灵。荣格一开始同弗洛伊德合作，研究精神分析学，后来理念不合就分道扬镳了。荣格曾经受叔本华的影响，而叔本华受到了东方哲学的影响，因此，荣格融合了东西方哲学。

荣格在这里已经讲得很清楚了，提醒西方人要重视心灵的作用，他抱怨西方世界摈弃了意识的作用，忽视了心灵。这是令他大惑不解的。而在这样的理念影响下，现代物理学也充满了这些烙印，这也是为什么物理学遇到瓶颈的原因。

心物本来是一元的，如果在一开始就把心物一分为二，把心物隔离开来，如何能够得到世界完整的视图呢？

荣格说道："所有的科学都是心灵的活动，我们的一切知识都来源于心灵。"我们从阳明心学那里知道，自性之中具足一切智慧。万物跟心灵是无法分离的。

4. 爱丁顿的影子

【原文】爱丁顿作了如下总结：在物理世界中，我们看到的是我们所熟悉的生活的投影图。我肘部的影子倚靠在影子桌子上，影子墨水在影子纸张上流淌……。坦率承认物理学与影子世界有关，是近期获得最重要的进展之一。

请注意最近的研究进展并不在于物理世界本身获得了影子特性；自从阿布

德拉的德谟克里特时代或更早，这个观点就一直存在，只不过我们没有了解它。我们过去认为研究的是世界本身；用模型或图画一类说明科学概念的表现手法在19世纪后半段才出现，就我所知不会更早。

【解释】我们的心灵去观测外在的事物，实际上观测的同时，获得事物的投影。观测阳明的花的同时，创造了花的实相的投影，得到了花的颜色和形状。

爱丁顿所描述的影子世界不无道理。然而，为什么我们很难去觉察呢？这是心和我们玩的游戏罢了。影子属于相，如果要离相，就是无上甚深禅了。我们都知道禅是比较难理解的。

电子绕原子核做椭圆运动。我们观测椭圆运动的电子，产生了波动的投影，这个影子属于现象实体。前面已经知道了，速度属于现象实体的产物。离开了观察，没有动，也没有静。没有动，哪来的速度，何来的超光速。当然，量子纠缠超光速还是存在的，只是量子纠缠这个是瞬间的关联，并不是从这一点跑到那一点，这并不是速度。比如月亮同时照射在秦淮河和塞纳河，月亮发生变化，两条河中的月影同时瞬间就发生了变化，这并不能说明两个月影是超光速的。飞虫从电影放映机前面飞过，飞虫的影子在电影屏幕上的速度会远远快于飞虫的速度。飞虫距离屏幕越远，速度之间的差距就越大。假如飞虫速度足够快，我们有理由相信，影子有可能会超光速。这也只是一种关联的超光速罢了，并不代表着真实的超光速。

我们去观测电子的椭圆运动，从不同角度观测，得到不同的投影视图，得到不同的本征态。将不同的影子视图进行叠加就构建出了电子云图，将本征态叠加就是叠加态了。将不同的影子视图重构的过程，就是薛定谔方程的实质。其中包含了主体信息，也就是观测者的信息。虽然按照波动方程的描述，能够跟实验吻合得很好，但是并不代表着原子系统就是如此的。薛定谔方程是在频域空间，也就是概率空间描述电子的运动规律。实验也是在验证现象实体罢了，如同梦中说梦，用谎言验证谎言罢了，当然是符合的了。

我们知道可以将任意的函数图形，经过傅里叶变换成简谐波动函数的叠加。我们看到这个任意函数图形，也是大惑不解的。从无数个波动的影子叠加而成薛定谔方程，这个过程类似于傅里叶变换的逆过程。傅里叶变换是从时域空间变换到频域空间，由不规律变成有规律。而薛定谔方程在频域空间是测不准的，无规律的，非经典的；可是在时域空间是有规律的，经典的。

前面我们也从简谐波动函数推导出了薛定谔方程。薛定谔方程描述的这种叠加态，实际上是原子系统的影子的叠加。影子的叠加还是影子，变换到了频域空间了，并不等于原子系统的实相。电子云图是描述影子的，并不是真实的情况。电子云图中包含了主体信息，也就是观察者本身的信息。要知道电子运动的实相，只有排除主体信息才可以。但是心物一元的，主体信息是无法排除的。

由此可见，薛定谔方程实则是描述了原子系统影子的叠加，而并非原子系统的实相。爱因斯坦说，量子理论只是实用主义罢了，他这么说不无道理。

关于影子，庄子有个魍魉的故事。影子的周围有光圈，光圈抱怨影子动，它又得跟着动。影子也抱怨，它并不能做主，人动了它也必须要跟着动。而人这个身体也抱怨了，它也做不了主，是心在指挥它做事呢。而什么才是真正的主人呢？我们平时的妄心不是真正的主人，真正做主的是真心。这么说也许有歧义，心只有一个，只是物欲尘垢遮蔽了，就成为妄心了。如果作致良知的功夫，去除了尘垢，就恢复了本心，恢复了本来的良知了。庄子中有关于养生主人的文章，什么是养生真正的主人呢？答案是真心本心，作致良知的功夫就可以恢复主人本来面目，就可以看清所有的影子，看清原子宇宙的实相。

5. 谢灵顿的僵局

【原文】我无法通过引述来传达谢灵顿这部不朽著作的伟大；只有亲自去读才能体会。但我还是想再引几处书中更具特色的叙述："物理学……使我们面临着一僵局——意识自己无法演奏钢琴，意识自己无法移动手指。于是我们碰到了僵局。对意识如何作用于物质一无所知。逻辑因果关系的缺乏使我们动摇。这是否是误解？"

【解释】这里谈的是谢灵顿的《人与自然》这部书。如果执着于物的一边不对，同样的，如果执着于意识的一边也是不对的。不可以偏颇，心物是一元的。

让我们想到了苏东坡的琴诗。如果说琴上有琴声，为什么琴放在匣子里不自鸣呢？如果说手指上有琴声，为什么不在手指上听呢？只有手指和琴触碰的一刹那，才创造出了美轮美奂的乐曲。手指对应于心，对应于意识，而琴对应于万物的实相。乐曲对应着我们眼中的客观世界。

对于古琴是如此，钢琴也是一样的道理。

心去观测原子系统的一刻，发生了坍缩。物理学家习惯于在概率空间、频域空间描述电子。观测的一刻，创造了时域空间的投影，实现了空间的转化。从自在时空转化成了现象时空。时域空间、概率空间和频域空间都属于现象时空。

心去观测阳明的花的一刻，创造了花的颜色和形状。

心去观测爱因斯坦月亮的一刻，创造了月亮的颜色和形状。

心去观测薛定谔的树的一刻，创造了树的颜色和形状，创造了树的影子。

心去观测公孙龙的石头和白马的同时，创造了石头和白马的颜色和形状。

我们习惯于把这些影子当成了真实的客观世界本身。所以，我们有必要去破除这些外相。然而，破除外相并不能仅仅停留在对于语言文字的理解。破除影子，还需要破除语言文字的影子，也是要抛弃这些概念。不管是什么影子，都是指月的手指罢了，指月之指非明月。

6. 谢灵顿的幽灵

【原文】那以后不久，谢灵顿爵士出版了他重要的著作《人与自然》。这部书充满了对物质和精神相互作用的客观证据的诚实探求。我强调诚实这个词，是因为一个人需要付出非常严肃真诚的努力，去寻找他预先深信无法找到的事物，这种事物之所以无法找到是因为（人们普遍认为）这种事物不存在。

在该书 357 页，他简单地总结了探求的结果："意识，任何知觉可包围的东西，在我们的空间世界中比幽灵更像幽灵。看不到，摸不着，甚至是一种没有轮廓的东西，它不是实体。它得不到感官的确认，而且永远无法被确认。"

如果用自己的话我会对此这样表达：意识用自身的材料建造了自然哲学家的客观外部世界。但除非使用把自己排除在外的简化方法——从概念的制造中撤出，它将无法完成这个宏大的任务，因此，客观世界并不包含它的缔造者。

【解释】谢灵顿对意识很真诚地探求。然而，阳明先生的致良知，就能够探求到意识的本质了。只要作致良知的功夫，功夫到了一定的程度，就会像阳明先生那样龙场悟道了。

谢灵顿很渴望探求精神和物质发生相互作用的真理。精神和物质是互为阴阳的，是为一体的，不可分的。我们去看马的同时，马的实相和心相互作用，而产生了马的颜色和形状。我们把白马这个影子当成了客观事物本身，当成了真实存在的事物，等同于马的实相了。这是亿万年以来根深蒂固的观念，这也是康德所说的先天综合判断。这样根深蒂固的观念很难破除。如果破除了，就离相了，就能上达于无上甚深禅了。

薛定谔认为：意识用自身的材料建造自然哲学家的客观外部世界。薛定谔的说法无疑是正确的。从宏观世界观测原子宇宙的同时，电子椭圆运动进行投影，创造了波动的影子，创造了本征态，适合用薛定谔方程进行描述。对于不同的观测视角得来的影子，进行叠加，就得到了叠加态，就可以推导出薛定谔方程，从而得到电子云图。然而，进行这样简单的数学游戏，并不能得到世界的本源，不能得到真理，不能得到实相。

我们来看看《量子力学概论》的作者格里菲斯怎么讲的。他曾说道："问题的根源是与波函数统计诠释密切相联系的不确定性，即波函数不能唯一地确定测量的结果；它所能提供的仅仅是可能结果的统计分布。这就产生了一个深刻的问题：物理体系在测量之前确实存在这样的统计分布（现实主义学派），还是测量本身（在波函数统计限制的条件下）创造了这种属性（正统学派），或者它根本就是玄学，我们完全不必回答这个问题（不可知论的观点）？"看来我还是属于正统学派了，测量本身创造了这种属性。测量原子系统的时候，创造了波动函数这个投影，创造了本征态，创造了坍缩。正如看月亮的同时，创造了月亮的颜色和形状；看花的同时，创造了花的颜色和形状。为什么这一点要领悟那么难呢？正所谓咫尺天涯。我刚参加完全国物理学哲学大会，与会者介绍，以前的老科学家曾经围绕爱因斯坦的月亮这个论题辩论。可以说，这其中蕴含着量子理论所有的秘密。这是大自然给我们人类蒙上了眼睛，是障眼法，是所谓的正法眼藏。在测量之前，这种统计分布并不存在，而是测量创造了这种统计分布，创造了投影，创造了影子世界。而许多的影子要恢复出实相，这是很难的事情。薛定谔方程只是进行了简单的叠加，而得到了所谓的叠加态。

这里还谈到了不可知论，对于许多人来说，这代表着玄学。然而，对于阳明心学来说，能够破解玄学。我们不必回避，可以大大方方地谈玄。玄学可以说就是形而上学。形而上者谓之道，形而上学也就是关于道的学问。从古至今，古人都特别尊师重道。古代的老师就是要传道授业解惑，首先是要把道理给学生讲清楚，传授给学生。孔子把道看得比性命还要重要。我们讲头头是道，头头即初心本心，不忘初心即是不忘道。

格里菲斯还说道："正统学派的观点引起更棘手的问题，如果测量的作用强迫体系以某种姿态出现，帮助创造了一种先前不存在的属性，则测量过程一定有某些独到之处。另外，为了解释即刻的重复实验产生同样的结果这一事实，我们被迫假设测量使波函数塌陷，这种塌陷是与由薛定谔方程描述的正常演化史不同的，至多，两者可能会一致而矣。"测量并不是强迫体系以某种姿态出现，而是自然而然出现的。某种姿态属于现象实体，是自在实体和观察者之间综合作用而产生的。

心观测月亮，创造了月亮的颜色和形状。这的确是一种先前不存在的属性，不测量的时候是不存在的。如果要说测量的独到之处，可以说没有什么独到之处，而是关于离相的问题，关于古老东方哲学里破相的问题。这不是语言文字能够说得清楚的，这需要实证。阳明先生从小悟性非凡，被流放到贵州龙场那边三年之久，受尽了磨难才顿悟。他在龙场得道的年龄是 36 岁。以他的资质，如此艰难而得道。而古老东方历来都有很好的道统传承，尚且如此的不容易。在西方没有道统传承的情况下，要想领悟如此的内容，实在是不容易的。而且，许多量子物理科学家都是年纪轻轻就做出了卓越的贡献，此时要想悟道，还是极其艰难的，所以注定不能突破物理学的瓶颈。

爱因斯坦正是由于缺乏东方哲学这把金钥匙，否则，不至于被困在大统一理论里面长达几十年之久。爱因斯坦思考光到底是什么长达五十年。而爱因斯坦的月亮公案，至今人们还谈起，只是似乎没有那么多的热情去探究谜底到底是什么了。

格里菲斯还说道："由于上述原因，一代代物理学家常常重回不可知论的观点，并建议他们的学生不要担心理论的基础概念上浪费时间也就不奇怪了。"

前面我们已经探讨过不可知论，这是关于玄学的学问。物理学家回归玄学，这也是必然的。物理实在论也回归了形而上学。

难怪霍金会感叹西方哲学传统的堕落了。西方并不是没有贤哲，像苏格拉底、柏拉图、尼采、康德和叔本华等这些哲学家，也许都是得道的贤哲。西方也许没有得道这一种说法，他们所说的真理就是关于道的学问。西方古典哲学的形而上学，也是论道的学问，只是已经不被人重视罢了。

量子理论突破传统观念而建立起来，而现在却成为禁锢思想的壁垒。如今正是我们用东方传统文化去突破的时候，这是复兴中华文明千载难逢的好时机。复兴中华文明使得道行于天下，人们会反思，觉醒，远离战乱，纷争和苦难。这也是古圣先贤所梦寐以求的大同世界。中医会大放异彩，去一切苦厄。

7. 科学的面貌

【原文】以下是与20世纪实验生理学结论相对应的17世纪伟大哲学家斯宾诺莎的简单陈述："身体无法限定意识思考，意识也无法限定身体去运动、休息或其他运动（如果有的话）。"

这确实是一个僵局。这样的话我们是不是行为的执行者？但我们仍觉得应对自己的行为负责，并酌情受到惩罚或赞扬。这是一个可怕的悖论。我认为当今的科学水平下无法得到解决，当今科学完全陷入"排除原则"的深渊，却对此以及由此产生的悖论一无所知。意识到这点是可贵的，但并不能解决问题。仿佛你无法通过议会法案将"排除原则"删去。若要解决这个悖论，科学态度必须重建，科学面貌必须更新，这需要谨慎。

【解释】关于斯宾诺莎的论述，在庄子里已经给出答案了。什么才是养生真正的主人呢？真正的主人是我们的真心，本心，自性。自性具足智慧。庄子里面有关于魍魉的故事，真心才是影子真正的主人，而身体如同提线木偶一样。不识本心，学法无益；不识本心，学物理学无益。一物必有一理。物和理互为阴阳，理是物的限制。没有无限制的自由，万物必有限制。如果没有物，何谈理。皮之不存毛将焉附。

西方科学完全陷入了排除原则的深渊。总想排除掉心灵的作用，可是这个是个悖论。万物都离不开心灵，心灵也离不开万物。这一点在阳明心学中有深刻的描述。意在于侍奉双亲上，就产生了孝顺一物；意在于侍奉君主上，就产生了忠诚一物。意在于花上，就产生了花一物；意在于月亮上，就产生了月亮一物。意在于原子系统上，就产生了本征态，就产生了坍缩，就产生了椭圆运动的投影，就产生了波动的影子。对于波动影子的叠加，就有了叠加态，就有了薛定谔方程。万事万物为心灵与实相共同合成的产物，排除了主体信息，万事万物也将随着烟消云散了。

薛定谔认为当今科学还无法解决这个僵局，还无法解决这个悖论。但是，古代东方哲学和古代西方哲学都是可以解决的，只是世人没有慧眼罢了。有慧眼的人讲了，世人也不会相信。这个悖论要解决，需要离相，需要摆脱影子的束缚。量子理论在数学工具的引导下不知不觉走到了频域空间和概率空间的领域。人们把电子云图当成了电子真实运动的本身，把现象时空等同于自在时空了。这就是走上迷途的根本原因。

东方哲学不乏这样的大智慧。古人讲：外离相即禅，内不乱即定。离相即是脱离语言文字时空、数学时空、现象时空。这是关于无上甚深禅的学问，难怪如此争论不休。对于悟道的人来讲，一句话就说完了；可是对于没有悟道的人来讲，会觉得完全不可信，觉得很可笑，会不遗余力去排挤反对。

解决这个僵局，破除这个悖论，需要破除语言文字的束缚，破除投影波函数的束缚。如此就可以不忘初心，去找到终极的秘密。薛定谔当年的初心只是尝试用波动方程描述原子系统罢了。当然在那样战乱频仍的年代，能够做出如此巨大的贡献，实属不易。

薛定谔提到：若要解决这个悖论，科学态度必须重建，科学面貌必须更新，这需要谨慎。在21世纪，科学态度的确需要重建，整个科学面貌需要更新。这是历史赋予传统文化的使命。

8. 康德的物自体

【原文】康德却让我们彻底放弃理解"物自体"：永远不可能对"物自体"有任何了解。因此，一切现象具有主观性的观点由来已久，为大家熟知。……康德揭示出了它的缜密的逻辑关系：我们对崇高、但却空洞的"物自体"概念永远一无所知。

【解释】 前面谈到不可知论，在世人眼里就是玄学。这里通过康德的物自体进行详细的阐述。康德让我们彻底放弃对物自体的了解。

我们的确不能了解物自体的实相，而只能够了解心与物自体共同创造的结果，也就是物自体的影子。而影子之中也含有了主体信息，无法排除。

心观测阳明的花，创造了花的颜色和形状。然而，如果离开了心的观测，谈花的颜色是没有任何意义的。

我们无法了解原子系统的实相，但是，我们能够设想在原子系统内部，电子是围绕原子核做椭圆运动的。然而，我们无法观测到电子运动的实相本身。电子运动的实相和观测的共同作用，而创造了波动的观测结果。

因此，我们有理由说，心和物自体共同作用而产生了我们眼中的这个客观的世界。

庄子中有关于风和大树的故事。大树有万千孔洞，风吹大树就有了万种声音。大树的万千孔洞对应于万物的实相，也就是物自体；大风对应于我们的心。而万种声音对应于万事万物，对应于我们这个如梦如幻的客观世界，对应于现象时空，对应于现象实体。

9. 自我在哪

【原文】 为什么在我们描绘的科学世界的图画中任何部分都找不到感觉、知觉和思考的自我？原因可简单用一句话来表示：因为它就是那幅画面本身。它与整个画面相同，因此无法作为部分被包括进去。

【解释】 对于绘画而言，在画作当中，已经包含了自我的信息了。里面蕴含着自我观测的角度等信息。画如其人，字如其人。对于绘画的人而言，有时边绘画，边让别人在旁边辅助观看。当旁边的人说好了，画家就可以停止绘画了。画作中只要有必要的信息就可以了，只要人去观测画作的时候，大脑能够弥补整个画面就好了。我们大脑有神奇的功能，虽然画面是残缺的，但是观测的同时，大脑会自动地补足。有些教绘画的人，会建议把画倒着来画，不会受大脑固有的思维的束缚，更容易画出逼真的画作。

世界是三维的，加上时间就是思维的。请注意，这些维度仅是数学描述的工具罢了。观测和绘画的同时，创造了被绘画对象的投影，将对象变成了二维的。如果要把画作恢复出来，就需要借助人的观察。然而再观察，也无法完全恢复了。电子运动的实相投影，产生了波动的影子。波动影子如同是二维的科学画作。借助薛定谔方程，将波动视图进行叠加，也无法完全恢复电子运动的本然。所以说电子云并不是电子运动的实相本身，其中包含了投影的信息，包含了观测者的信息。物理学仅仅是关于捕风捉影的学问，关于影子世界的学问罢了。

原因可简单用一句话来表示：因为它就是那幅画面本身。这句话一语道破天机，所有的秘密都在其中。

自我已经包含在了那幅画里，自我和画是合一的，天人是合一的。对于科学画面而言，薛定谔方程已经包含观测信息在里面了，已经包含观测者在里面了。波动影子是电子椭圆运动的投影。本征态叠加形成了叠加态，薛定谔方程就是描述叠加态的。

古人有一合相的说法，就是多相和合而成这个客观世界。叠加态就是一合相，薛定谔方程本质上就是一合相，就是影子的叠加。把无数个波动的影子进行叠加，把无数个本征态进行叠加。而傅里叶变换时相反的过程，把一个任意的波形进行分解。

观测者观测原子系统，创造了坍缩，而坍缩仅仅只是权且起的名字罢了。观测创造了本征态，创造了薛定谔方程。薛定谔方程本身已经包含了主体的信息在里面了，如何排除主体信息呢？如果不排除主体信息，如何获得电子运动的实相呢？如果没有大就没有小，没有动就没有静，没有主体信息就没有客体信息。主体和客体是不可分的。电子云已经包含主体信息了，已经包含观测者的信息了。如果排除掉主体信息，还是电子云的模样吗？正如排除了手指，琴声能在琴上自己出来吗？排除了琴，琴声能在手指上听吗？

我们来看看科学画面当中是否真的含有主体信息。

时间：这个科学画面是最基本的。时间当中含有主体信息吗？时间是由于心去观测外在事物的产物，是人认知的一种错觉罢了。日月轮回，让人有时间的错觉。时间也是离不开观测的，离不开主体信息的。狭义相对论中，接近光速飞行的宇宙飞船，时钟会变慢，这也是离不开观测的。古人讲：天上一天，地上一年。这样讲也是有道理的。

空间：空间也含有主体信息。空间也是主体认识客体实相的产物。相对论中，空间弯曲也是由于观测的结果。黎曼几何也含有主体信息。

长度：长度也含有主体信息。相对论中，接近光速飞行的飞船，长度会变短。

速度：速度等于长度除于时间。长度、时间都含有主体信息，速度自然也是如此，光速也是如此。光速含有主体信息，离不开观测者。光速不变，是在观测者眼里不变。不仅仅是速度，动还是静，都离不开观测者。前面我们探讨过风动幡动的公案、芝诺悖论、惠施飞鸟之影公案等。我们已经知晓离开主体，没有动，也没有静。

质量：相对论中，物体运动的质量随着速度的增加而增加，接近于光速，质量变得无穷大。由此可见，质量和速度有关，而速度和主体信息有关，所以质量也和主体信息有关，也就是说质量和观测有关，质量和心有关。

薛定谔方程：薛定谔方程用空间信息、时间、质量来进行描述，这些科学基本画面单元都是含有主体信息的，薛定谔方程当中也必定含有主体信息。然而，主体信息如何排除呢？心物为一元的，答案是无法排除。按照康德的说法，我们永远无法了解物自体。科学家所描述的五花八门的电子云，虽然复杂而美妙，但里面却含有主体信息。如果去掉主体信息，电子云还能称之为电子云吗？

10. 主体和客体

【原文】主体和客体是同一个世界。它们间的屏障并没有因物理学近来的实验发现而坍塌，因为这个屏障实际根本不存在。

【解释】心物是一元的。如果说有什么屏障，那就是人为设置的屏障罢了。如果一开始就把心物分成两个东西，如何能够得到完整的世界呢？如何能够统一物理学呢？如何能够得到简洁、美妙的宇宙视图呢？

之前，我们有探讨过苏东坡的琴诗。手指对应于心，而琴对应于万物的实相，对应于康德的物自体。琴声对应于我们眼中的万事万物，对应于各种各样的微观粒子。我们发现的粒子还是极少的，还有大量的粒子没有被发现。

在原子内部，电子围绕原子核做椭圆运动。每一次观测，就创造了波动的影子，而波动的影子被我们认为是客观世界的实相本身。而把不同角度的投影视图进行叠加，形成了叠加态，生成了薛定谔方程。我们把薛定谔方程奉若神灵，当成了至高的真理，当成了宇宙的实相。正如前面探讨苏东坡的琴诗，我们将琴声当成了宇宙实相本身。

薛定谔方程难道是个巧合吗？在量子科学中有了许多的应用，得到了很好的验证，这是毋庸置疑的。但是，宇宙中的这种巧合还少吗？不必为此感到惊讶。百丈禅师曾经讲过：如虫御木，偶尔成文。木头中的蛀虫，在吃木头的同时，不断地形成了运动的轨迹。当人们把木头劈开看的时候，看虫子运动的轨迹，如同文字一般。似乎虫子会写字，实则不然。宇宙之中万事万物，如同鬼斧神工一般。我们不必受薛定谔方程的束缚。

前面我们探讨过，科学画面包含了主体信息，无法进行分离。主体和客体本来是一体的，是不可分离的。语言文字也是包含主体和客体信息，正所谓文以载道。如果要找到真理必须要于文字而离文字，必须要于数学而离数学。数学本质上是科学家的眼睛。我们无法用眼睛去观测物自体到底如何，不知道万物的实相如何，但是数学可以进行描述。我们可以用数学描述原子模型，电子如同行星围绕着太阳那样，围绕着原子核运转。原子内部电子做椭圆运动。椭圆运动是可以通过数学眼睛来测算的，并不是观测的结果。我们从宏观世界去观测，就会有波动投影，就会得到本征态，从简谐振动可以推导出薛定谔方程，从而得到电子云图。这样的观测结果，属于现象实体，属于假象，就误导我们了。观测结果并不等于电子实相本身，而数学可以描述电子实相本身。数学仅仅是工具而已，薛定谔方程描述现象实体。

在这里，我们再来谈谈数学的本质。关于数学有个著名的哥德尔定理。逻辑推理的形式系统外面必定有一个系统，即是公理、公设或者是前提条件。形式系统必定包含某些系统内既不能够证实，也不能够证伪的命题。在前面我们探讨的基础上，很好破解这个定理，这是西方哲学思维的缺陷造成的。数学语言也是一种语言，在逻辑推算中打转，如同是在如来的手掌心中打转一样，在现象实体中打转，无论如何也跳不出手掌心的。要找到真理，需要打破语言文字相，同样道理，也需要打破数学相。数学语言也是指向月亮的手指罢了，并不代表着宇宙的实相。数学语言并不等同于实相本身，数学语言属于现象实体。数学运算中包含有主体信息，可是主体信息是无法排除掉的。为了推理验证一个系统，需要在外面包一个更大的系统。这只是在用更多的谎言来验证谎言罢了。然而，总是会有极限的，无法跳出形式系统。哥德巴赫猜想也许是不能证真，也不能证伪的命题。

任何形式化的公理系统都存在着自指问题。如果要排除这个悖论，必须先把自己放在研究对象之外。之前我们已经花了很多篇幅进行探讨了，这是无法做到的。所以，就存在着歌德尔不完备定理。薛定谔方程也是数学工具，只是描述波动影子的工具罢了，描述现象实体罢了。用它来描述原子系统也是不完备的。如此开来，量子理论也是不完备的系统，只是实用的体系罢了。

11. 东方输血

【原文】我们的科学——希腊科学，是以客观性为基础，它切断了对认知主体、对精神活动的恰当理解之通路。我们认为这正是我们现有思维方式所欠缺的，或许我们可从东方思想那里输一点血。但这绝不是那么简单，我们必须谨慎提防其中的谬误——输血总需要非常小心地防止血浆凝结。我们不希望失去我们的科学思想已经达到的逻辑上的精确，那是任何时代任何地方无法比拟的。

【解释】薛定谔认为希腊科学切断了主体和客体之间的通路，也许希腊科学是如此，但希腊哲学并非如此。也许苏格拉底、柏拉图都是得道的贤哲。苏格拉底有著名的无知之知。苏格拉底知道关于形而上学，也就是道学，也就是真理的学问；而所谓的聪明人不知。

西方古典哲学中，关于形而上学的哲学也是道的学问。形而上，形而下，这样的分界线是不存在的，只是人为的划分罢了；主体和客体是一体的，也并不存在着界限和屏障。薛定谔方程中，主体和客体的信息也是不可分的。电子云中，主体和客体的信息也是不可分的。

科学画面本身已经包含了主体和客体的信息，是一体的。广义相对论中，空间弯曲只是在观测者眼中弯曲罢了。狭义相对论中，光速不变是相对于观测者光速不变罢了。相对论中已经包含观测者信息了，已经融合主体和客体的信息了。

不过，薛定谔清醒地认识到西方当时科学的弊病，思维方式欠缺，将主体和客体之间的联系给切断了。所以，他建议从东方思想那里输一点血。正是由于缺乏东方思想，所以量子理论在诞生之初，就充满了西方的术，而不是在东方哲学道的高度建立的。

薛定谔只是说输入一点，也担心东方哲学里面有什么弊病。从大看小则不明；从小看大则不尽。东方哲学是从大看小，容易看得不够细，分析得不够精确，什么都差不多就可以了。薛定谔这个担心也不无道理，西方科学对于数学工具的运用，可以说是炉火纯青了。西方哲学从小看大，就有看不尽之处，需要上达于形而上的道，才能在更高的层次，一览众山小。

古代有公孙龙关于石头的论述。假如有两个人，一个人只有眼睛，他可以观测到石头的白，但是摸不到石头的坚。另外一个人只有手，没有眼睛，他用手可以摸到石头的坚，但是看不见石头的白。两个人争论得不可开交，不可能达成一致。正如量子理论和相对论无法达成一致，爱因斯坦和波尔不可能达成一致。但是，假如把两个人合二为一，在更高的高度来看，就能够达成统一了。量子理论和波尔在形而上学，在玄学，在道的高度就可以统一了。

12. 意识处于现在

【原文】通过西方科学精神和东方同一学说的融合，我认为这两个悖论将来会得到解决（但我不佯称目前在这里就解决）。我应该说意识的总数只为一。意识本身是具有单一性的。我大胆地认为它不可摧毁是因为它有一个特殊的时间表，即意识总是处于"现在"。对意识来说没有曾经和将来，只有包括记忆和期望在内的现在。我承认我们的语言远无法表达清楚这一点，我也承认我现在谈的是宗教而非科学，但这是并不违反科学的宗教，相反，它为客观公正的科学研究成果所支持。

【解释】薛定谔很谦虚地在这里说悖论能够在将来解决。现在我却佯称通过阳明心学，在此的确可以圆满地解决，似乎一点都不谦虚。

薛定谔很坦诚，他在谈宗教而非科学，但是在他这里宗教和科学的界限已经模糊，就像主体和客体之间的屏障已经不复存在。这里所谈的问题，丝毫不会违反科学精神，相反会支持科学研究，会为科学研究指路。这里并非谈的是不可救药的唯心主义，也不是机械物主义，而是活生生的、心物一元的科学唯物主义。

爱因斯坦曾说道："如果有一个能够应付现代科学需求，又能与科学相依共存的宗教，那必定是佛教。"佛教的禅宗，直指人心，与阳明心学有相通之处。

阳明心学很容易被人误解为宗教，那不妨称之为理学，不妨称之为儒门正宗。阳明先生传承了孔门心法。这样就使得我们摆脱了对阳明心学的误解。

薛定谔承认他无法用语言清楚地表达。我也承认，我也无法用语言来说清楚。语言文字是用来载道的，但要领悟道又要摆脱语言文字的束缚。也就是说，要离语言文字相。语言文字只是指向月亮的手指，只是指向真理的手指罢了，并不等于真理本身。薛定谔方程只是指月之指罢了，并不是原子系统运动规律的本身。

薛定谔还说意识只是处于现在。这一句话破时间相。时间是什么？时间只是人类大脑认知的错觉罢了。时间已经包含了自我本身的信息了。正是由于自我的观测，所以有了时间的概念。正是事物有先后的秩序，所以有了时间的概念。意在于时间，就有了时间一物。古人讲：过去心不可得，现在心不可得，未来心不可得。过去的已经过去，不可重来；现在的稍纵即逝，未来还没有到来。

唯一能够把握的就是当下，就是当下一刻。唯一能够把握的就是观测的那一刻。心观测花的同时，创造了花的颜色和形状。心观测月亮的同时，创造了月亮的颜色和形状。心观测原子系统的同时，创造了本征态，创造了波动投影，从简谐波动推导出薛定谔方程，从而得到电子云。电子云中已经包含观测信息，已经包含主体的信息了。如果排除了主体信息，电子云还是那个样子吗？

13. 时间和空间

【原文】现在我们再来谈康德。正如他的大多数观点一样，这既无法被证实也无法被证伪，但人们并没有因此失掉对它的兴趣。（相反它激发了人们的兴趣，如果已被证明了是真或是伪，它将变得无足轻重。）康德认为空间的广延和事物发生的"先后"顺序不是我们所观察到的世界的特性，而是感性意识的先天形式。人类的感知只是不自觉地以时空为两个目录把碰到的一切事件记录下来。

【解释】也许不久的未来会进行一场伟大的科学革命。这一次的科学革命，将有全新的时空观。

实际上时空观念在古代，不管是东方还是西方，都已经讲清楚了，有许多的真知灼见。只是世人不识罢了。康德认为事物发生的"先后"顺序就是时间。时间也离不开主体，离不开观测者。

不仅仅是时间，空间也是离不开主体，离不开观测者的。广义相对论的空间弯曲，也是在观测者眼中的弯曲罢了。

第九章　飞矢不动的秘密

1. 飞矢不动的秘密

2400 多年前，在希腊有一个叫芝诺的哲学家论述了一个关于飞矢不动的悖论。这个悖论是千年之谜。大道至简，这里面蕴含着什么样的秘密呢？

在我们的直觉看来，箭肯定是在动的，不仅仅在动而且是飞速地在动。但是在每一个瞬间，箭的确是不动的；下一个瞬间也是不动的。古人曾讲：过去心不可得，现在心不可得，未来心不可得。唯一能够把握的都是当下这一刻，可是当下这一刻也难以把握，也是稍纵即逝的。如何破解这个谜团呢？

在古代东方的同样也有一个著名的公案，风动幡动的公案，这个公案中也蕴含着同样的秘密。东方有位智者站出来，一鸣惊人，他说不是风动，也不是幡动，而是仁者心动。我们说，这个圣人是不会骗人的，我们相信他了。

正是由于心动而使得我们观测外物，就感觉到动了。动这个概念是离不开观察者的，离开来谈是没有任何意义的。同样的道理，飞矢离开了观测，来谈动这是没有意义的。如果心不动是不是飞矢就不动了呢？风、幡也都不动了呢？这个是事实来的。李连杰主演的《太极张三丰》中唱道：没有动，哪来静。没有胜，哪来败。

我们的心是超级观测工具，既然是工具就有测量的精度。心的测量精度，最小时间是普朗克时间，最小的空间是普朗克空间。假如我们用胶片来记录了飞矢的飞行，每隔普朗克时间拍摄一张。我们把胶片播放出来的时候，我们来看，这根箭似乎是飞行的，可是我们知道，每张胶片都是静止的。

如何做到心不动呢？这就需要阳明的致良知的功夫了，就可以做到心如如不动了。当东西方文明相遇之时，谜团就能破解了。

如果心不动，连飞矢都是不动的，日月星辰也是不动的，宇宙也都是不动的。光速飞行的光子也是不动的，光子不动，质量为零。

如果心归于寂静，花也归于寂静了。如果心归于寂静，整个宇宙也就归于寂静了。宇宙质量为零，也就是空虚，这个结果令可科学家感到震惊！所以拼命抓住希格斯粒子这根救命稻草。即使如此也是枉然的。

2. 风动还是幡动

我国古代有个著名的关于风动还是幡动的公案。有位圣人说，不是风动，也不是幡动，而是仁者心动。为什么这么说呢？这位智者不会骗我们的，必定说的是实话。前面关于飞矢不动的悖论那里，我们也提到这个公案了。

心如同一个超级测量工具一样。心的测量精度，最小时间就是普朗克时间，最小空间是普朗克空间。心测量的最高速度是光速。速度等于距离除于时间。如此看来速度也是和时空有关的。万物都是由光子组成的，万物如何能够超越光速呢？

假如我们用心这个超级测量工具来拍摄风和幡，每隔一个普朗克时间拍摄一张。对于每一张照片而言都是静止的，播放起来就是动的了。

动只是心观察外物的一种错觉罢了，而速度也本来是不存在的，超光速更是子虚乌有了。

3. 飞鸟之影

战国的时候有个著名的哲学家惠施，他是庄子的至交好友。他曾经说过这样一句话：飞鸟之影，未尝动也。

这句话跟飞矢不动有点相得益彰，一个是东方的哲人所说，另一个是西方哲人所说，而且生活的年代也差不多。飞鸟之所以让我们有动的感觉，这是由于我们观察它。如果我们不观察飞鸟，

飞鸟和阳明的花一样，处于孤寂的状态，没有动的概念了。心如果处于静定，也是处于孤寂的状态。这个动的概念，是由于我们的心和飞鸟的实相共同作用的结果。

观察者和被观察者是互为阴阳的。如果有观察者必定有被观察者，有被观察者必定就有观察者。这就好比有善必有恶，有小人必有君子，有大必有小，有动必有静。

4. 树欲静而风不止

庄子是惠施的好朋友，庄子有讲过一个比喻。有一棵大树有万种孔窍，有些像耳朵，有些像嘴巴，有些像鼻子。大风吹来的时候，发出万种声音。大风一停，万籁寂静了。

大树的万种孔窍，对应于万物的实相。风对应于心。心和外物的实相发生作用而生成了万物。万种声音就对应于我们眼中的万物。我们眼中的万物如同万种声音那样，如梦如幻。万种粒子在奏响美妙的乐曲。如果我们的心不去观测粒子，粒子就不能称之为粒子，万物也不能称之为万物。

如果大风停止了，大风归于寂静，而万物也归于寂静了。前面我们探讨过，大风本来就不动，而是仁者心动。如果心静止了，万物归于寂静了。

5. 手指和琴

苏东坡曾经写过一首诗：如果琴上有琴声，为何放在匣子里不自鸣呢？如果手指上有琴声，为何不在手指上听呢？

手指对应于心；琴对应于万物的实相；而琴声对应于我们眼中的万物。如此可以知晓，万物如琴声一样，如梦如幻。

如果手指不去触碰琴弦，类似于心不去观测花朵。心和花朵归于寂静；手指和琴也是归于寂静的。

唯物是执着于琴；而唯心是执着于手指。真理不执着于唯物，也不执着于唯心。心和物始终发生作用的，心和万物是为一体的。

6. 运动赋予质量

爱因斯坦的相对论里面有个公式，物体的质量和运动速度有直接的关系。运动速度越快，质量越大。运动的最高速度是光速，物体运动速度逼近光速的时候，质量为无穷大。

物理学家构建了一个标准粒子模型，可是这个模型存在着根本的缺陷，就是无法解释万物的质量来源，也就是说宇宙的质量为零。西方科学家为此感到震惊不已，无法接受。

西方科学家把希格斯粒子当作救命稻草，称之为上帝粒子。他们认为，希格斯粒子阻碍粒子运动，赋予粒子质量。其实真正的上帝粒子是光子，光子的静止质量为零，而光子运动就赋予了光子质量。万物由许多粒子构成，这些粒子由最基本的光子构成。而光子由光阴子和光阳子构成。双光子危机会导致光阳子和光阴子的发现。

并不是光子在动，而是仁者心动。正是心动，和万物实相发生作用，而生成了万物。心动和万物实相发生作用，而赋予了万物质量。

如此一来，我们可以说运动是万物质量之源，而心动是万物质量之源。

7. 地心说完全错吗

西方科学家哥白尼提出了日心说，否定了地心说。布鲁诺为捍卫科学真理，被活活烧死。

然而，地心说完全错了吗？近期有天文学新发现证实，地球可以作为宇宙的中心。

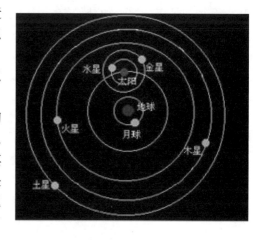

可以说地心说是错了，也可以说没错的，并不是在这里和稀泥的。

在爱因斯坦的相对论中，一切都是相对的，都不是绝对的中心。如果执着于地球为宇宙的中心，其他的都不是，那这就错了，这也是古代西方的根本错误。正是哥白尼和布鲁诺这些伟大的科学家捍卫了真理。

以0.8倍光速飞行的宇宙飞船A可以作为一个小宇宙来看待，有自己的时空参照系，可以作为宇宙的中心；以0.9倍光速飞行的宇宙飞船B也可以作为宇宙的中心。一朵花也可以，一片叶子也可以，如此就从根本上革新了现代物理学的平行宇宙和多宇宙理论。

不仅仅是地球可以作为宇宙的中心，任何一物都可以，都可以建立起自己的时空参照系。

第十章 科学实在论

1. 观察与被观察者不可分

【原文】玻姆是饮誉当代的量子物理学家和科学思想家。他以反潮流的大无畏精神和严谨求实的科学态度对玻尔创立的量子力学正统观点提出了挑战，同时致力于量子理论的新解释。首先，追溯到玻姆与印度哲学家克里希那穆提在 20 世纪 60 年代的交往。这位东方哲学家的著作《第一与最后的自由》提到观察者与被观察者不可分的观点，正好是量子理论的论题，引起玻姆的强烈共鸣。不过，克里希那穆提指的是精神的整体。玻姆由此领悟到量子理论中的情况与其有着很大的相似性。他从东方哲学家那里获得了逾越物理学去探索人类意识的真谛的巨大力量。于是，一位西方物理学家和一位东方哲学家很快成为了探索实在（包括物质与精神）的整体序的学术挚友。

【解释】克里希那穆提是印度伟大的哲学家，在国内也可以很容易找到他的许多图书。观察者和被观察者难道能够完全切分开来吗？多少年来，我们似乎都在分科研究上帝的作品，以为研究清楚上帝的作品就可以知道上帝的意图了。如此的研究方法有点类似于朱熹所说的格物。如果一物一物的格清楚，就能够知晓天地万物的奥秘了吗？这个办法把王阳明给害苦了，当年七天七夜格竹子，结果病倒了，还是没有能够把竹子的道理给格明白。如今却要格量子，谈何容易？

我们谈到光速，是不能够把观察者分开的。如果离开观察者来谈光速，来谈速度，这个是没有任何意义的。在我们的思想深处，固执地认为离开了我们的心灵，离开了我们的观察，应该存在着独立的一个外在的世界。在爱因斯坦的相对论里面，是不能离开观察者而独立存在光速的。在各种参照系里面，观察者所观察到的光速都是不变的。

为什么光速这么特别呢？为什么不变呢？这是由于对于我们每个观察者来说，是有一定的限制的。观察者也可以说是一种高级的测量工具的，每种测量工具都有一定的精度和测量的限度的。观察者的测量精度就是普朗克长度、普朗克时间。对于科学家来说，如果谈论比普朗克长度更短的空间内的事情，这个是说不清楚的。我们在寻找最小的基本粒子，甚至说希格斯粒子是上帝粒子，是最小的粒子。然而我们在谈大小的时候，是离不开观测者的，相对观察者来说，最小的基本粒子应该是光子。光子才是真正的上帝粒子。光子静止质量为0。

我们在谈大小的时候难道能够离开观察者吗？一叶障目不见泰山，在观察者眼里，也许叶子比泰山还要大。在观察者眼里，也许眼前的泰山比天上的月亮要大。但是，实际的情况又是如何的呢？王阳明儿时曾作一首诗：山近月远觉月小，便道此山大于月，若有人眼大如天，当见山高月更阔。

同样的道理，相对于观察者而言，人所能观察到的最高速度就是光速了。这也就是为什么光速在不同观察者眼里都是一样的缘故吧。

苏东坡有一首诗，讲的手指和琴。如果手指能够发出乐声，为什么不在手指上听乐曲呢？如果琴能够自己发出乐声，为什么把琴放在匣子里却不自鸣呢？手指如同观察者，而琴如同是被观察者。手指和琴是不能分开来说的，离开哪一个都不能有美妙的乐曲。手指类似于心，而琴类似于物实相，心和物是不可以分开来说的。西方科学粗暴简单地把心和物分开来了，把观察者和被观察者分开了，如此就会有许多不可思议的难题出现了。

2. 形而上学与物理学

【原文】形而上学是处理事物第一原理的哲学分支。人们并不知道实在的终极本性，所以许多现代哲学家和科学家都反对搞形而上学。殊不知，形而上学是任何人都回避不了的。问题是对形而上学应采取一种正确的、开放的态度，应该不时地对旧有的形而上学观念进行反思与修正，让更好的形而上学观念取而代之。

【解释】科学家在这里谈到形而上学和现代物理学的关系。在我们的传统教育里面，有许多对于形而上学的批判，都批判形而上学是孤立的、静止的、片面的、唯心的。然而，真实的情况是如何的呢？

形而上学是西方古典哲学的明珠来的，由于西方哲学传统的堕落，慢慢就使得许多人对这颗明珠嗤之以鼻了。正所谓明珠暗投了。世人如今把这颗明珠看成石头都不如了。

形而上学是处理事物的第一原理的哲学分支来的，这个第一原理就是终极的真理来的，是第一义来的。爱因斯坦终其一生在寻找的大统一理论，也是在寻找第一原理的。

我们来看看古圣先贤对于形而上学是怎么说的。形而上者谓之道，形而下者谓之器。形而上者被称之为道，那形而上学就是有关于道的学问了。也许我们关于道不用觉得太过神秘了。孔子圣人曾经说过，朝闻道，夕死可矣。对于儒家的圣人来说，早晨闻道了，夜晚逝去了都是值得的了。由此可见，孔子把道看得比性命还重要了。韩愈也曾经说过，师者，传道授业解惑也。作为老师，首要的就是要把道讲清楚，把"道"理给学生讲明白，其次才是传授谋生的技艺，最后是给学生解答疑问的。由此看来形而上学不应该被我们排斥的。形而上学，也许是由于我们的心被私欲所蒙蔽了，就看不清楚了。也许蒙蔽我们的心的只是一片叶子呢，一叶障目不见泰山的。一叶障目就看不见形而上学了，看不见道了。形而上和形而下是互为阴阳的。阴的大家不容易看得见，而阳的大家是容易看得见的。宗教和科学也是互为阴阳的。形而下者就被称之为器。这个器字也是够形象的了，中间一个犬，四周四个口。这个狗往四面八方的叫，是显而易见的了，这个是属于阳的。古圣先贤经常劝我们要积累阴德，多去做不让人知道的善事。积累阴德比阳德的功德还要大的。形而下是一个器世界，是世间万事万物的。由此看来，我们实在不可排斥形而上学的，而应该去除掉关于形而上学的误解，把形而上学的真谛给发挥出来的。如此就有助于解决现代物理学遇见的难题了。

3. 数学世界是实在的吗

【原文】物理学对机制的描述，包括对微观物体的描述，依赖于它所特有的一套语言。这是一套用数学定义的语言，或者干脆就是数学语言。物理学的实在问题在很大程度上就是"数学世界"是否实在的问题。数学世界是不是真实的世界、实在的世界？

【解释】看到这里，真心感觉到欣喜，现代科学已经在从各个角度在逼近终极的真理了。这里是在探讨着数学的本质的。数学的世界是不是真实的世界呢？是不是实在的世界呢？

数学只不过是描述世界的一个工具罢了，类似于语言，语言也只是描述世界的工具罢了。数学和语言，都不能说是世界的本身。可是，我们经常使用的数学工具和语言工具，就习惯性地把工具当成是世界的本真了。

古人有句话：指月之指非明月。由于我们看不清天上的月亮，就有高人指给我们了。可是我们还是看不到月亮，我们的心被物欲给遮蔽了，所以根本看不见月亮。这里月亮是指真理，是指我们的本心。由于一直看不见月亮，所以我们就抓住手指不放了，把手指当成是月亮本身了。现代数学有关于弦的理论，发现五种不同的理论都是等价的。不同的手指都是指向一个月亮罢了，五种理论类似于五个不同的手指。

我们会赞叹数学的美妙，觉得很不可思议，似乎都是刚刚好的那样，一切都是那么的巧合。我们怎么去理解这个事情呢？百丈禅师曾经说过：如虫御木，偶尔成文。我们如果留心会发现，木头里面的蛀虫不断地咬，等到把木头劈开来一看，似乎形成了美丽的图案，甚至是文字图。难道蛀虫还会写字不成？这只能说是一种巧合罢了，世界是很微妙的，并不是刻意去为之的。数学如此美妙，并不是刻意去为之的，而是一种巧合的。物理学中有几个常数如此巧合，如鬼斧神工，令科学家觉得不可思议。

物理学用量子理论来描述微观物体，量子理论也是通过用数学语言来描述的。量子理论说白了，也是一个描述微观世界的工具罢了，类似于指月的手指。我们看不清微观世界，所以就用手指指向微观世界，但是，我们不要把手指当成微观世界的本身。不要把量子理论所描述的当成微观世界的本真。爱因斯坦一直拒绝接受量子理论一些论点，始终不肯相信，他认为上帝不会投掷骰子。爱因斯坦是对的，量子理论也是没有错的，问题出在哪里呢？出在立场不同了。如果我们缩小钻进原子内部，以原子为中心来看，一切都是那么简单，并不会不可思议的。只是由于我们从宏观世界看，看不清楚，所以用概率统计的语言来进行描述罢了。原子小宇宙和太阳系这个小宇宙是很类似的。太阳系半径/太阳半径大约等于原子半径/原子核半径，如此的巧合。电子围绕着原子核旋转如同星球围绕着太阳转动的。科学家们发现了四种力，核力类似于万有引力的。如此很好理解的，原子核就好像是太阳的表面，表面就会有万有引力的。科学家们也许可以证实核力和万有引力是可以统一的。如今科学家已经把弱相互作用力和电磁力统一。这样，万有引力和电磁力就互为阴阳了，也可以统一了。

如果站在原子内部的参照系来看，量子理论就不适用了。量子理论是站在宏观的角度来描述量子世界的工具罢了，并不是量子世界的本然的。我们每个人看别人的角度和别人自己看自己还是很不一样的，这也是类似的道理。

古代的《易经》可以说是宇宙的模型来的，阴阳八卦图可以说是代表着天地万物的，可以说是大统一理论或者模型来的。阴阳八卦图中含有一定的数理规律，而卦代表着天地万事万物。如果离开了卦来谈数理规律，也是没有什么意义的，皮之不存毛将焉附？

我们每个人长着十个手指头，从古至今，人类一开始数数的时候，习惯性地用手指头加脚趾头来数了。用十进制来计数，描述这个世界是顺其自然的事情。可是这个世界根本的规律是阴阳的，是符合大道的，所以莱布尼茨受

《易经》启发发明了二进制之后，使得信息技术有了突飞猛进的发展。不管是用十进制、二进制还是八进制，都可以描述这个世界的，也都是指向同样的真理的。

4. 汉语真实地描述世界吗

【原文】汉语是否真实地描述了世界；可以用汉语真实地描述世界，也可以用汉语歪曲世界。汉语和英语所描述的世界哪个更加真实。汉语的长处何在，汉语的短处何在。一个双语者在有些场合觉得说甲种语言达意，有时说另一种语言达意。可以像布鲁纳那样，把自然语言和数学语言视作"一种特殊意义上的双语"。

【解释】古汉语是很有智慧的语言，繁体字之中蕴含着智慧的。我们说繁体字是全息的，指向宇宙和人生的真理。比如说亲人的亲字，繁体字"親"右边还有一个见字，简体就把见给省略了。繁体字的含义是说，目力所及的一切都要去爱，有仁爱天地万物之心，如此才能够称之为亲。比如说武字，是止息干戈。《道德经》《大学》和《中庸》三部经典都是载道的文字，可以说书中第一句话已经把真相说清楚了。

可是如此载道有智慧的经典和文字，也只是描述宇宙和人生真理的工具罢了。佛经中说法尚应舍，何况非法。即使是佛经也只是渡河的工具罢了，过了河就没有必要背着船走了。即使是汉字也只是指月的手指罢了。汉语只是描述真实的世界的，指向真实的世界的，但并不能说汉语就等于真实的世界。不同的人读同一段汉语，也许有不同的感受和理解的。并不是汉语歪曲了世界，而是读的人心参差不齐而歪曲了世界。

汉语和英语所描述的世界哪个更加真实？假如用汉语和英语同时来描述王阳明山中之花，两种语言都是指向同样一朵花的。这个是没有什么可比性的。指月的手指有好多个，哪个手指所指向的月亮更真实呢？

自然语言是描述世界的工具，数学语言何尝不是一种描述世界的工具呢？不能把数学语言当作真实世界的本身的。

5. 哲学和科学缺乏沟通

【原文】现代科学和现代哲学在各自的发展中，缺乏应有的沟通手段和愿望，致使哲学家和物理学家关于物理实在及其意义的态度和理解存在着众多的深刻分歧。如果物理学工作者能更多地了解哲学，以具备现代哲学素质；哲学工作者能更多地了解物理学，理解量子力学、相对论等等以及数学物理公式的内涵，那么他们之间的沟通可能建立，而交流的愿望也会自然产生。

【解释】科学家忙于用数学工具来描述世界，忙于做实验来验证世界。而哲学家在思考包括形而上的东西。当前科学家遇见的困难，正是由于缺乏哲学的引领，缺乏东方传统文化的引领造成的。

6. 机器人能超越人类吗

【原文】依我看哥德尔定理证明了机械论是错误的，因为无论我们造出多么复杂的机器，只要它是机器就将对应于一个形式系统，就能找到一个在该系统内不可证的公式而使之受到哥德尔构造不可判定命题的程序的打击，机器不能把这个公式作为定理推导出来，但是人心却能看出它是真的。因此，这台机器不是心的一个恰当模型。这就是著名的鲁卡斯论证。遂引起许多人卷入长达几十年的争论。

【解释】我们受科幻片影响比较大，看来该用心学来纠正一下我们不该有的幻想。我们看到科技高度的发展，会惊呼有一天机器人会取代我们成为这个星球的主宰。然而机器人是人类的作品，而人类是上帝的作品。只要是人类有为的作品，就会留下斧凿的痕迹的。

心学里面阐释了人类的心性，阐释了良知之学。我们的本心自性之中具足一切智慧，我们造的机器能拥有这些吗？机器只能是通过形式化的描述来设计，而形式化的语言如数学等只是指向真理的手指而已，并不能代表真理本身。所以说机器智能发展只能发展小聪明，可以无限接近于人类，但是人类本身所有的大智慧，这个是人类永远都无法创造出来的。

心学可以揭示以下一些真理。

我们无法进行时空穿梭。我们看过许多科幻片或者电影，穿梭到了古代，穿梭到了未来。甚至现在有许多科学家也会抱有同样的幻想。然而，那仅仅是幻想而已。有些朋友也许会说了，让人抱有些幻想不好吗？世界上实际没有时间这回事的，只是人类认知的一种错觉罢了。不用说穿梭回去唐代，甚至穿梭回去一秒钟以前都是不可能的事情。由于外事外物的变化，让我们有了时间的概念。由于日月双轮的变化，所以让我们有了白天黑夜的观念的。

我们无法超越光速。科学家有时会声称发现了超光速现象。这个也许是无稽之谈的。我们知道爱因斯坦的相对论中，光速是最高速度，而且对于不同的参照系，光速都是不变的。为什么光速是最高速度呢？我们都看过电影，也都见过电影放映机。我们的心可以说是一台超级放映机，可以说是一台超级测量仪器。这台仪器也会有测量精度，对速度的感知最高速度就是光速了。对时间感知的最高精度是普朗克时间；对空间感知的最高精度是普朗克空间；光子是宇宙中最小的基本粒子，也可以称之为上帝粒子。我们的大脑中有感知速度的神经细胞。如果离开了观测者，离开了心的观测，谈速度是没有任何意义的。不用说谈速度，谈动静也是没有什么意义的。我们都熟悉风动幡动的公案，我们看电影每个胶片都是静止的，动起来只是一种错觉罢了，其实是心在动罢了。

7. 新物理学的建立

【原文】大家知道，现行物理学有三个分别主要应用于宏观，宇观和微观领域的重要物理常数，即狭义相对论论中的真空光速 c、广义相对论中的引力常数 G 和量子力学中的普朗克常数 h。普朗克常数刻画了微观物体物理量的非连续性特征。不难从这三个常数推导出基本时间、基本长度和基本质量来，分别称为普朗克时间、普朗克长度和普朗克质量（$E = h\nu$，ν 为光子的频率）。现代物理学家普遍认为，它们分别为现行物理学所不可及的时间间隔下限、空间长度间隔下限和基本粒子质量下限。它们离地球上现代实验技术所能达到的领域都是极其遥远的。仅仅从克服理论内在困难考虑，现行的量子力学和相对论也不能再正当地使用了，出路只能是建立一个既包容又超越现行量子力学和相对论的新物理学。无疑，这其中所涉及的认识论问题是极其深刻的。

【解释】为什么光速如此的特殊呢？为什么速度会有一个极限呢？我们研究物理学不能离开观察者，不管用多少仪器，最终还是得到人这里，也是离不开我们自己。而我们身体真正主宰在于心，而心就是真正的观察者。

苏东坡有一首诗，讲古琴和手指的关系的。古琴如果离开了手指，放在匣子里自己也不会鸣。如果说手指上有琴声，为什么不在手指上听呢？我们说光速不变，这个是相对于观察者来说的，如果离开了观察者来谈光速是没有任何意义的。如果离开了观察者来谈速度，速度是不存在的，可以理解吗？人心所感知的速度，最高就是光速了，所以说谈超光速，这个是没有任何意义的，也是不存在超光速的。

既然相对于观察者，相对于心而言，速度有最高的一个限制，那么最小的粒子，最小的质量也有个限制了。这个最小的质量不是别的，就是光子的质量，而光子的质量和频率有关。光子的静止质量为零。所以说世界上最小的基本粒子为光子。中微子比光子要大得多，中微子必定是有质量的；上帝粒子也就是现在所说的希格斯粒子也比光子质量大得多。中微子有静止质量，这不难理解，桌子有静止质量，可内部是运动的。除非内部静止了，质量就为零。何时能静止呢？心不动时就可以了。可以说真正的上帝粒子是光子，而不是希格斯粒子。现行的粒子标准模型，需要重新建立的。粒子标准模型并不完美的，所发现的粒子质量层次相差极其遥远。真正的粒子标准模型必定是简洁而完美的，如同《周易》里面的八卦和六十四卦一样完美的。用数学李群 E8 模型可以描述标准粒子模型的。更精准的模型应该是《周易》中的阴阳八卦图或者六十四卦图，每一个卦象对应着一个粒子。

这里有提到宏观、宇观和微观，既然是观，那就离不开观察了。现代物理学中有平行宇宙的理论，需要修正一下的。一花一世界，一叶一菩提。一朵花可以看成是一个小宇宙，一片叶子也是，每个人都是一个小宇宙。不同的人是不同的小宇宙，在不同的人看来，每个自我的小宇宙都是有微小的不同，所以会有纷争。如果我们跳出自我的小宇宙，能够站在对方的小宇宙上来考虑问题就好理解了。道理是相通的，如果我们跳出我们这个宏观的宇宙，而进入微观的原子内部去观察，一切就大不相同了。种种粒子不可思议的行为，都可以理解了。爱因斯坦打死都不肯相信上帝会投掷骰子。的确，如果进入原子内部，在原子那个小宇宙来看，一切也就都是井井有条，不会有什么测不准的原理存在。站在宏观宇宙来看，宇观的一些现象有些不可思议，比如说空间弯曲等。空间弯曲，光线弯曲这个也是和观察者离不开的。如果换了个视角，换了个角度，相对论和量子力学也就没有什么矛盾的了。相对论和量子力学也只不过是描述宇宙的工具罢了，就像语言文字一样，也只不过是指向月亮的手指罢了。

如果只是在这些理论、文字中打转，就好像孙悟空在如来手掌中打转一样。只有跳出了理论和文字来看，才能够看得清楚的。不识庐山真面目，只缘身在此山中。

中华传统文化必定引领新物理学的建立。

8. 出路在哪里

【原文】在物理学与哲学之间，存在着斩不断的内在联系。比方说，成功理论的秘诀何在？意义又是什么？它们为何会有尽头？出路又在哪里？这些问题都深深关联于一个理论的认识论地位问题，需要有现代物理学和现代哲学的双重思考，才能做出非平庸的、有重义的回答。从表面上看，科学的发展似乎加速了物理科学与哲学的分离，使物理科学越来越难于为哲学家所驾驭和理解。但实际上，这些发展乃是物理科学进步和成熟的一种表现，存在着深刻的哲学动因。

【解释】科学是外显的，属于阳的；而宗教和哲学是内在的，属于阴的，不容易去理解的。阴阳是作为一个整体的。科学如果离开了哲学和宗教，就好比是盲人一样，找不到方向了。当今世界，科学高速发展，科学家从科学的方向不断地逼近宇宙和人生的真理，而宗教和哲学也是逼近宇宙和人生的真理。

9. 认识论问题

【原文】在 20 世纪里，不仅物理科学经由量子力学和相对论现代化了，而且哲学经由语言哲学也现代化了。语言哲学以语言本身（特别以哲学语言、科学语言和日常语言）为对象采用逻辑的和概念的分析手段，以清除思辨哲学中的混乱和解释科学语言或日常语言的意义为己任，把哲学研究水平提高到了新高度。但语言哲学并没有彻底澄清了哲学中的认识论问题，完全消解了哲学的本体论问题。

【解释】古人讲，指月之指非明月。指向月亮的手指并不是月亮本身。在西方哲学里有个本体的概念。我们可以来打个比方，假如有位智者，比如苏格拉底，他看到了本体，可是我们却看不到。所以他就用手指指给我们看，可是我们朝他手指方向去看，啥都没看到。有几种反应，第一种反应是这个苏格拉底是骗人的，明明啥都没有，怎么说有个月亮呢；第二种反应是有可能依稀就看到了月亮的影子，就相信了，努力去跟着苏格拉底学，怎么样才能看得更清楚。第三种反应是有可能什么都看不到，干脆就把苏格拉底的手指当成月亮本身了。

大家可不要急于笑，也许我们正是犯了这个愚蠢的错误，自己还不知道的。语言文字正是指向月亮的手指，量子理论和相对论也都是指向月亮的手指的。宇宙和人生的实相只有一个，是根本不会有什么矛盾的，也不需要什么统一。根本不需要什么大统一理论。然而，假如苏格拉底用食指指向月亮，而食指对应于相对论；柏拉图用小指指向月亮，而小指对应于量子理论。我们非得要把柏拉图的小指和苏格拉底的食指给统一起来，说不一致，说是完全矛盾的，这不是很滑稽的事情吗？

如果一直在语言里面打转，把手指修理得再漂亮，打多少指甲油，研究手指再清楚，也没有和那个月亮有半点关系。如果一直在语言那里打转，就好像孙悟空在如来手掌心中打转一样。也难怪会有一句经典的话：人类一思考，上帝就发笑。

10. 意识与物理实在

【原文】在人类智慧史上，精神与物质的关系问题，从来是一个使大学问家们困惑的问题。笛卡尔的精神和物质二元论贯穿于三百多年来人类的思维之中。坚持物质第一性的唯物论和坚持精神第一性的唯心论，都没有从根本上解决这二者的关系问题。

【解释】要把这一段话给谈清楚也不是件容易的事情，只能说是抛砖引玉吧。我们在谈这个问题的时候，需要把头脑中固有的观念，对唯物主义和唯心主义这些观念都统统暂时先放下，我们来看看这个世界的真实情况是如何的。

我们往往会推崇唯物主义，而批判唯心主义。王阳明先生关于山中之花的说法，也被当作典型的唯心主义，当作玄学来批判。我们习惯性地把形而上学、玄学和唯心主义当作以孤立的、静止的、片面的观点来看待问题。然而，实际情况真的是如此的吗？王阳明之所以被尊称为明朝的第一人，难道真的是片面的吗？

我们的老祖宗很喜欢中道的思想，四书里面有一本叫《中庸》。如果单纯地推崇唯物，或者单纯的推崇唯心，这样是不是才是真正的片面呢？唯物和唯心是互为阴阳的，并不能单纯地说哪个是对，哪个是错的。我们在学习素描绘画的时候，也许会惊奇地发现，原来黑和白之间还有成千上万个层次的。我们固有的非黑即白，非唯物即唯心的思想，也许才是片面的。

王阳明先生曾经跟我们说过心物一元。也许唯物和唯心是一个不可分割的整体来的。我们还是用苏东坡诗句这个例子来说明吧。如果琴上有琴声，为什么把琴放在匣子里又不鸣叫呢？如果说手指上有琴声，为什么不在手指上听呢？手指类似于心，而琴类似于物实相。心和物实相触碰一起，而产生了琴声，琴声对应万事万物。琴声本来是没有的，本来是虚幻不实的。我们习惯一睁开眼睛，就可以看见这个美丽的世界。然而，太阳下山的时候，似乎所有的颜色都消失了。我们想一下，颜色是不是和琴声有点类似的呢？也都是虚幻不实的呢？

我们在玩电脑游戏的时候，也许游戏中的人物的场景，只有快走到那个地方的时候，再把它经过运算给展现出来，而我们这个现实世界是不是也是如此呢？

爱因斯坦曾经不止一次地对天上的月亮有疑问。难道这个月亮我们不看它的时候，果真是不存在的吗？我们试着来解答一下爱因斯坦的疑问。或许有人会说了，爱因斯坦是大师来的，难道他的疑问，我们也能解答不成？我们试试看的，用东方的智慧来破解西方的迷雾。

之前有关于颜色的讨论，如果爱因斯坦不看月亮的时候，月亮是没有什么颜色的，可以想象吧。只有爱因斯坦看月亮的时候，月亮的颜色一下子就鲜明起来了。"月亮"这个名字是简体字，古代是甲骨文等，而在国外对着同样的一个月亮，却用的是英语等。所以说，这个名字也只是存在于我们的心中而已，也是虚幻不实的。

我们再来看看这个月亮的形状。古人会望着月亮，看着阴晴圆缺而发感慨，甚至是落泪。可是我们现在已经知晓了，月亮原本就不会有圆缺的，只是光影变化而已。月亮也不会像我们看到的只有这么大，而是一个大星球来的，不是一个圆圈。月亮的形状和大小取决于我们在地球的哪个角落观看，取决于有无光影的遮蔽。如果离开我们的观察来谈月亮大小和形状，这是没有任何意义的。边界和形状，这些只是由于我们的心和月亮实相触碰而产生出来的，如同镜中花，水中月的。边界、形状和大小就好像是琴声一样，本来是没有的。

这么看来，月亮本来没有这个名字，只能称之为一物。如果我们不看月亮，月亮的样子和我们心中的样子是完全不同的。

通过这几个例子，是不是关于唯物和唯心又有了一些新的思考呢？

11. 哥德尔定理

【原文】哥德尔定理是数理逻辑中的一个定理，1931 年奥地利逻辑、数学家哥德尔发现并证明的，这个定理彻底粉碎了希尔伯特的形式主义理想。为理解这个定理及其意义，需要相当的数理逻辑和集合论知识。要把这些预备知识都在这里整理出来，工作太繁重了。这里仍然也不打算详细介绍这些东西，只是在必要的时候给些简单的说明。

哥德尔定理其实是两个定理，其中哥德尔第一不完备性定理是最重要、也是误解最多的。"任何一个相容的数学形式化理论中，只要它强到足以在其中定义自然数的概念，就可以在其中构造在体系中既不能证明也不能否证的命题。"

第二不完备性定理是第一定理的一个推论："任何相容的形式体系不能用于证明它本身的相容性。"

【解释】哥德尔不完备定理很有意思，在任何一个形式化的体系内，无法去证明真，也无法去证明伪。

佛家有个说法，梦中说梦。我们也许都在一场大梦中，可是我们在梦醒的时候，还在讨论夜晚我们的梦。古代有庄周梦蝶的典故。在我们的现实生活当中，要通过形式化的体系，是无法去证明我们是真的在梦中，还是不是在梦中的。

不识庐山真面目，只缘身在此山中。如果我们要在庐山内部，想看清楚庐山的真实面目，这个也许是不可能的。既不能完全知道庐山的真实面目，也不能说这个庐山是假的。

对于电脑游戏里面的人物来说，他也许会按照电脑的程序和逻辑来运转，可是，他却永远无法跳出电脑游戏这个形式系统。无法去证明他所在的世界是真实的，还是虚幻的。

我们用日常语言来描述宇宙和人生的实相，可是无论我们如何描述，也无法证明宇宙和人生的实相是如何的。这只不过是在语言里面打转。语言文字只不过是指向宇宙和人生真理的手指罢了，就好像是指向月亮的手指，如何能够用语言和文字证实月亮本身呢？需要跳出语言文字的束缚，才能够真正看清楚月亮本身。需要真正摆脱手指的束缚，才能看到月亮本身的实相。如果一直盯住手指看，那是没有用的。

物理学的理论，也是形式化体系的。量子理论和相对论也只不过是指向月亮的手指罢了。如果试图在这个形式体系里面去统一，去找大统一理论，这也许是徒劳的。2002 年 8 月 17 日，著名宇宙学家霍金在北京举行的国际弦理论会议上发表了题为《哥德尔与 M 理论》的报告，认为建立一个单一的描述宇宙的大统一理论是不太可能的，这一推测也正是基于哥德尔不完全性定理。如果需要知晓宇宙和人生的实质，需要跳出数学和物理学理论的束缚。

宇宙和人生的实相是常和无常的，常和无常是互为阴阳的。对于股票投资来说，长期的趋势，比如说未来 10 年、20 年的趋势是可以判定的；经济总是在不断地向前发展的，必定是增长的，所以企业如果不倒闭总是会不断地发展的。类似巴菲特那样长线投资必定是可以获得适当的收益，这个是常的。也就是说是可以形式化推理出来的。但是对于短线来说，却是无常的，是无法去证明真、还是伪的。有点类似于量子力学中的测不准原理的。

关于命运有一首歌曲唱到，三分天注定，七分靠打拼。命是天注定的，运是可以转的。如果行善积德，勤恳努力，天道酬勤，运气就会来了。打牌也是如此，三分运气，七分是技术来的。对于运气部分，是无法去确定是福、还是祸来的。

在一个形式化体系里面，就好像是在如来的巴掌中，孙悟空如果没有跳出如来的手掌心，如何能够证明手指是不是柱子呢？

《道德经》中讲，自知者明。人最难做到的就是认识自己，正所谓不识庐山真面目，只缘身在此山中。有一些问题是可以思议的，有一些问题是不可思议的。就好像我们照镜子，可以看见自己的脸，可以看见自己身体的部分。可是，我们如果要尝试去看清楚眼睛本身，可能就比较难了。眼睛里有个你，你在那个眼睛里虽然小，可是也会有个眼睛。这样不断地循环下去，如何能够看得清楚呢？就好像自己把自己给提起来，这样是很难做到的。医者不自治，也许也有几分道理的。

12. 哥德巴赫猜想

【原文】哥德巴赫猜想：任何一个大于2的偶数都是两个素数之和。哥德巴赫猜想，这道著名的数学难题引起了世界上成千上万数学家的注意。200年过去了，没有人证明它。也没有任何实质性进展。哥德巴赫猜想由此成为数学皇冠上一颗可望而不可及的明珠。人们对哥德巴赫猜想的热情，历经两百多年而不衰。世界上许许多多的数学工作者，殚精竭虑，费尽心机，然而至今仍不得其解。

【解释】我们从小都听说过数学家陈景润的故事，证明了 $1+1=2$，之前一直没有深入地了解，感觉很好奇，这还要证明吗？似乎哥德巴赫猜想离我们非常的遥远，我们试着用传统文化来叩开哥德巴赫猜想之门。

如果要叩开哥德巴赫猜想之门，需要我们来革新一下一些习以为常的习惯。我们以为自己最了解的就是自己了，可是我们一辈子都不曾真正的看见过自己，不曾亲自认识自己。我们最多就是对着镜子或者湖水看自己。可是我们对着镜子看了几千年，能否看得清自己呢？我们可以做个简单的实验，就可以打破自己对习以为常习惯的依赖了。我们可以在距离大镜子手臂远的距离，用手去在镜子上做好我们的头上下的记录，就会惊奇地发现，镜子里面的头大小其实跟现实的大不一样的。我们去做个试验看看，思考一下是什么缘故。

（1）说说0。0可以说是无。道可以分出阴阳，可以分出有无。2002年国际数学协会规定，零为偶数。我国2004年也规定零为偶数。为什么国际数学界对这么简单的数字，到了这么晚才纠正了呢？也许越简单的东西越看不清楚的。

（2）说说1。大道至简，也许最容易看不清楚的就是简单的东西。1和2就够简单的了，我们有没有真正看清楚1和2呢？道生一，一生二，二生三，三生万物。禅宗有一个一指禅公案，也许一并不是想象中那么的简单。一缕太阳光经过三棱镜，可以分出七色。如果七色比较和谐，就会是美不胜收的图案。如果不和谐，就是很丑的了。在没有分出来之前，就是一缕无色的太阳光。一根竹管，如果不开孔可以作为定音器用，长短不一的竹管并排在一起是一种乐器，称之为比竹。虽然不开孔竹管看似只有一个音，可是里面蕴含着五音，称之为胎藏。打开孔之后，就分出了五音了。五音如果和谐，就是雅正的音乐。如果不和谐，就是噪音了。一心如果没有发出来之前，就没有喜怒哀乐。如果发出来了，就有了七情六欲了。

我们习惯性地说最小的素数是 2，难道真的是这样的吗？关于素数的定义是这样的，除了 1 和它本身以外不再有其他的除数整除。1 是不是素数呢？似乎从定义来看，1 是素数来的。

（3）说说 2。《道德经》中说：有无相生，难易相成，高下相顷。大道可以衍生出阴阳，有无。佛家有个不二法门。这个二是不是很特别呢？我们可以把数分为阴阳，一分为二。在数学的王国里，也是简单而美妙的。02468，这些都是偶数、阴数；13579，这些都是奇数、阳数。对于复杂的事情，往往能够弄清楚，也许对于简单的事情，我们习以为常，所以反而会出现问题了。1也许应该归于素数，而 2 不是素数。对于出发的地方都错了，方向都错了，必定是很难达到目的地的。如果这两个数都归错了队伍，就更加难以去找到相应的通项公式了。

（4）关于筛法。如今数学界在通过筛法来逼近哥德巴赫猜想。可是也许努力的方向反了，也许只能无限地逼近，永远都无法证明哥德巴赫猜想。机器人的智慧只能无限地逼近人类，可是永远都无法具备人类的心性的。物体运动速度只能是无限地逼近光速，也许永远都无法达到光速。人类的心性如今尚未被科学界所认可。可是古往今来的智者，圣贤已经证得。由于科学需要第三方去验证，需要去重复，可是心性的验证却是第一方的验证的，当然也可以重复，但是重复完了之后，又很难用语言文字向别人说明白。我们可以加速基本粒子，可以加速宇宙飞船，无限地逼近光速，可是我们却永远不能够把物质加速到光速的。也许哥德尔定理已经注定了哥德巴赫猜想，不能证明是，也不能证明非。我们迄今为止的努力，都是南辕北辙了，就好像我们追求真理，一直向着外面，而忽略了自己的内心和自性。真正的智慧需要往相反的方向去求，向内去探求。

根据哥德尔定理，哥德巴赫猜想也许是不可证明的。我们说指月之指非明月。月亮代表着真理和实相。而数学工具即是指月的手指。如果只是在手指那里打转，不管怎么样研究手指，也很难把实相给研究清楚的。光在数学工具里打转，有点类似于在手指那里打转。如果不能跳出这个限制，也许无法验证哥德巴赫猜想的实相的。

第十一章　霍金语录

1. 哲学伟大传统的堕落

【原文】迄今，大部分科学家太忙于发展描述宇宙为何物的理论，以至于没工夫去过问为什么的问题。另一方面，以寻根究底为己任的哲学家不能跟得上科学理论的进步。在 18 世纪，哲学家将包括科学在内的整个人类知识当作他们的领域，并讨论诸如宇宙有无开初的问题。然而，在 19 和 20 世纪，科学变得对哲学家，或除了少数专家以外的任何人而言，过于技术性和数学化了。哲学家如此地缩小他们的质疑的范围，以至于连维特根斯坦——这位 20 世纪最著名的哲学家都说道："哲学仅余下的任务是语言分析。"这是从亚里士多德到康德以来哲学的伟大传统的何等的堕落！

【解释】霍金在《时间简史》中对伟大的哲学传统的堕落发出了如此的感慨。科学家们只是乖乖地忙碌，用数学工具来描述宇宙，可是似乎放弃了如何去理解宇宙了。哲学如果仅仅是停留在语言分析，就好比在分析哪个指月的手指更加漂亮一样，根本都放弃了对于看不见的月亮的探求了。形而上学是古典哲学的明珠来的。形而上者谓之道，形而下者谓之器。我们对于看不见的月亮，看不见的形而上的东西视而不见，而只是在专注于研究这个看得见的器世界的。

并不是我们不能感知这个形而上的世界，而是由于我们被物欲遮蔽了双眼。一叶障目不见泰山，两耳塞豆不闻雷声。仅仅是一片叶子把我们的慧眼给遮住了。我们只要拿开了这片叶子，就可以真实地感受到古圣先贤给我们描述的世界的实相。

2. 统一理论是规则或方程吗

【原文】即使只存在一个可能的统一理论，那只不过是一组规则或方程。

是什么赋予这些方程以生命去制造一个为它们所描述的宇宙？通常建立一个数学模型的科学方法不能回答，为何必须存在一个为此模型所描述的宇宙这样的问题。为何宇宙陷入其存在性的错综复杂之中？是否统一理论是如此之咄咄逼人，以至于其自身之实现成为不可避免？或者它需要一个造物主？若是这样，它还有其他的宇宙效应吗？又是谁创造了造物主？

【解释】爱因斯坦终其一生都在寻找大统一理论。难道大统一理论仅仅是一组规则或方程吗？不管是规则还是方程，不管是数学语言还是自然语言，也只不过是描述宇宙的一种工具罢了。然而，宇宙的实相是缘起性空的，如何用一些固定的规则、方程和模型来描述这个空性的世界呢？

并不是大统一理论咄咄逼人，而是世人咄咄逼人的。古圣先贤教我们修身齐家治国平天下，许多人对这个平天下就有误解的。平天下并不是说扫平天下的，而是使得天下太平无战事的，使得有太平盛世的。我们提出了宏伟的大统一理论的计划，试图去人为地统一这个宇宙，想去掌控宇宙的根本规律，可以更好地去驾驭宇宙，这个出发点只能是反映人类的欲望罢了。

这个宇宙本身就是统一和谐的，不需要人类去统一。并不是宇宙不统一，而是我们的心不统一。我们把心和物割裂开来了，心和物本来是一体的。我们经常用手指弹琴这个例子来说明心物一元。如果单单有手指，也不会有有美妙的琴声；如果单单有琴，没有手指去弹，也不会美妙的琴声。只有心和物去触碰，才能够出现我们这个五光十色的世界。但也不能说离开了心，就没有什么存在了。我们这个世界的万事万物就好比琴声一样，琴声只是手指和琴触碰而产生的幻象罢了，万事万物也只是心和物触碰而产生的幻象。

3. 上帝的精神

【原文】如果我们确实发现了一套完整的理论，它应该在一般的原理上及时让所有人（而不仅仅是少数科学家）所理解。那时，我们所有人，包括哲学家、科学家以及普普通通的人，都能参加为何我们和宇宙存在的问题的讨论。如果我们对此找到了答案，则将是人类理智的最终极的胜利——因为那时我们知道了上帝的精神。

【解释】霍金在这里表达了期盼大统一理论的心情。如果没有哲学的引领，科学就如同在迷雾之中行进的。古圣先贤其实早就告诉了我们一套完整的理论，只是世人无法相信，无法接受罢了。

也许《易经》中的阴阳八卦图就是这样的一个大统一理论的，是不是不相信呢？是不是觉得很想反驳呢？当然阴阳八卦图也只是一个描述宇宙根本规律的工具罢了，也只是指月的手指而已。我国科学家刘子华曾经用《易经》预测太阳系第十大行星。

《道德经》中说，不笑不足以为道。古圣先贤告诉我们真理的时候，也许我们会觉得很滑稽，就忍不住笑了。请大家千万要注意了，也许这个就是真理的。张果老倒骑驴也许就是在提醒世人，千万不要本末颠倒了。

在前面的章节我们已详细地探讨大统一理论，在这里就不再赘述了。

4. 四种力的统一

【原文】必须强调指出，将力划分成四种是种人为的方法；它仅仅是为了便于建立部分理论，而并不别具深意。大部分物理学家希望最终找到一个统一理论，该理论将四种力解释为一个单独的力的不同方面。确实，许多人认为这是当代物理学的首要目标。最近，将四种力中的三种统一起来已经有了成功的端倪——我将在这章描述这些内容。而关于统一余下的另一种力即引力的问题将留到以后再讨论

【解释】物理学想统一四种力，然而，霍金在这里讲得很清楚的了，将力划分为四种，这只是人为的划分罢了。就像佛法人为划分为大乘，中乘和小乘一样。

一根不开孔的竹管，可以作为定音器使用，虽然看似仅仅有一个音，可是里面蕴含着五音的，可以称之为胎藏。如果把不同长短的竹管并排放在一起，就可以做成一种乐器，在古代称之为比竹。如果开了孔，就会分出五音来了。如果吹出来的音和合，就能够成为雅乐了。如果不能够和合，就是噪音了。五音其中每一种音是不是类似于于一种力呢？为什么非得要将宫商角子羽都统一呢？本来就是统一的，何待人为去统一呢？

一缕太阳光，如果没有经过三棱镜，是看不到什么颜色的。如果经过了三棱镜，就可以分七色光。这七色就好像是七种力一样，我们怎么去统一红色和蓝色呢？有必要人为去统一吗？

一个心本来处于安静的状态，不喜不悲，可是面对外境，就会有七情六欲了，就会有喜怒哀乐。喜怒哀乐就好像是四种力一样，如何去统一喜怒呢？有必要人为去统一吗？也许只要回到初心的状态，自然就会统一了。

大海，波浪，浪花和水珠本来就是一个东西来的，不需要去统一的。强相互作用力、弱相互作用力、万有引力和电磁力也本来是一个东西来的，不需要刻意去统一的。

地球是一个唯一的家园，孕育出了五色皮肤的人类，如果五色皮肤的人类能够和谐共处，就能够出现太平盛世。如果不能和谐共处，就会有纷争和战争。

《时间简史》中谈论了弱相互作用力："它表明在低能量下一些看起来完全不同的粒子，事实上只是同一类型粒子的不同状态。在高能量下所有这些粒子都有相似的行为。这个效应和轮赌盘上的轮赌球的行为相类似。在高能量下（当这轮子转得很快时），这球的行为基本上只有一个方式——即不断地滚动着；但是当轮子慢下来时，球的能量就减少了，最终球就陷到轮子上的 37 个槽中的一个里面去。换言之，在低能下球可以存在于 37 个不同的状态。如果由于某种原因，我们只能在低能下观察球，我们就会认为存在 37 种不同类型的球！"

一花一世界，一叶一菩提。原子是一个小宇宙，人是一个小宇宙，太阳系是一个宇宙。如此就革新了平行宇宙的学说了。在宏观世界我们可以研究万有引力和电磁力，也许当我们缩小钻进原子里面去，我们会发现，怎么有点类似于太阳系了。原子半径/原子核半径 = 太阳系半径/太阳半径，是不是很巧合呢？在太阳表面会有引力，在原子核表面是否也有引力呢？只是原子核表面的那个力被称为强相互作用力，也就是核力罢了。而电磁力和弱相互作用力已经被科学家证明是可以统一的。微观世界里强相互作用力和弱相互作用力是一对互为阴阳的力。宏观世界里万有引力和电磁力是一对互为阴阳的力。

第十二章　爱因斯坦语录

1. 上帝不会掷骰子

【原文】爱因斯坦和少数非主流派物理学家拒绝接受由薛定谔及其同事创立的理论结果。爱因斯坦认为，量子力学只不过是对原子及亚原子粒子行为的一个合理的描述，是一种唯象理论，它本身不是终极真理。他说过一句名言："上帝不会掷骰子。"他不承认薛定谔的猫的非本征态之说，认为一定有一个内在的机制组成了事物的真实本性。他花了数年时间企图设计一个实验来检验这种内在真实性是否在起作用，但他没有完成这个计划就去世了。

【解释】爱因斯坦有一句很有名的话：上帝不会掷骰子。爱因斯坦和波尔之间的论战非常精彩。似乎科学证明量子理论胜利了，而爱因斯坦失败了，但是事实是如何的呢？也许未必的。

也许有人会问，量子理论已经在各行各业都有了很好的应用，证明是非常成功的理论了，为何还说不是完备的理论呢？我们一起来简单探讨一下这个问题的。

对于大尺度宇宙来说，我们这个太阳系极其渺小。假如有一个巨人，在遥远的地方看着我们这个太阳系。可是在他眼里，这个太阳系就好像是原子那么大小，无论他怎么努力睁大眼睛都看不清楚。他只好用一些像地球那么大的基本粒子来撞击太阳系，看能够打出个什么东西来。我们在太阳系里面生活，就知道太阳系一切都是有条不紊的。可是对于用来探测的行星来说，假如刚好撞到地球，就知道有地球这个粒子，顺便把月亮打飞出去了，就知道有月亮这个更小的基本粒子。通过这样来进行探测，似乎太阳系里面的那些基本粒子都没有什么规律似的，一会在这里，一会又在那里。只能得到一些统计的概率数据。

科学家经过测算，太阳系半径/太阳半径＝原子半径/原子核半径。数据如此的吻合，难道原子的世界跟太阳系的世界有很大的分别吗？怎么微观的世界完全是测不准的，而宏观的如此井井有条呢？问题出在什么地方呢？世界是优美而简单的，这也就是为什么爱因斯坦绝对不肯相信的原因，不相信上帝会投掷骰子。爱因斯坦终其一生在找背后的规律，寻找大统一理论，可惜没有能够完成计划。假如爱因斯坦有幸遇见王阳明先生的著作，也许就是另外一番景象了。量子理论的问题，与其说是物理学的问题，不如说是哲学的问题。

也许问题的根本就出在所处的位置上了。布鲁诺牺牲了自己的性命维护哥白尼的日心说。科学家牺牲了性命来实现了伟大的变革。古代地心说根深蒂固。如果我们在地球上，就会以地球为中心；如果我们在太阳上，我们就会以太阳为中心；如果我们在月亮上，就会以月亮为中心；如果我们站在自我小我之上，就会以自我为中心。然而，以自我为中心这个执着的观念，也许比地心说更难打破的。如果能够打破自我为中心的观念，会给物理学带来巨大的变革。《道德经》中说："不敢为主而为客。"主客是互为阴阳的，是相对的，如何固执地一定以某一方为主呢？爱因斯坦的相对论就是打破了这种固执的观念，建立了相对的理论。时间也是相对的，空间也是相对的。

也许我们缩小变成一个小人，飞进原子内部去看，就会看到另外一番景象了。也许里面跟太阳系一样，是有条不紊的，而不是测不准的了。现代物理学已经慢慢在纠正了，一切都离不开观测者，离不开测量者的。苏东坡有一首诗是说的手指和琴的。如果手指上有乐声，为什么不在手指上听呢？如果琴上有乐声，为什么琴放在匣子里，自己不鸣呢？只有手指和琴触碰的那一瞬间，产生了乐声的。手指是心，而琴是实相，琴声对应万事万物。如果单纯崇尚唯物主义，就会把心和外物分开了。心和外物是一个完整的整体。心主宰着观测者、测量者，所以言必离不开观测者，离不开测量者。在不同的观测者眼里，光速都是一样的。如果离开观测者来谈光速，是毫无意义的。如果离开观测者来谈速度，也是毫无意义的。

因果律是我们这个世界的根本规律的，我们也许会觉得有因才有果，可是也许这个因果是同时的呢？手指触碰琴是因，而产生乐声是果。因果是同时的。如同莲花开放一样，花和果是同时的。知行也是并进合一的，也是同时的。公孙龙看白马的一瞬间，白马才一下子显现出来了。东方哲学告诉我们，如果我们进入原子内部，亲自去查看，那里也如太阳系一样，是一个优美的世界的，并不是科学家们所想，是一个想到就困惑，就头痛的世界。以至于都不愿意去想了，只是在用数学计算。

如果这么说，量子理论错了吗？量子理论也没有错的。量子理论是站在我们这个宇宙上面去看原子微观世界而产生的视图。就好比我们自己看自己，我们看别人这两个视图，完全是两码事来的。量子理论是从地球这个小宇宙描述微观世界的成功的理论和工具。一花一世界，一叶一菩提。叶子也是一个小宇宙，人也是一个小宇宙，原子也是一个小宇宙的。薛定谔有个平行宇宙理论，这个就是替代平行宇宙理论的真理的。

量子理论既然没有错，那么爱因斯坦错了吗？爱因斯坦也没有错。也许有人会说，你废话那么多，在这里和稀泥的。的确爱因斯坦也没有错的。在宇宙的根本真理里，上帝是不会投掷骰子的。大道至简，这个宇宙是美丽、和谐和简单的。只要我们钻进原子世界里去，一切都有条不紊了，如同我们这个宏观世界一样的。量子理论在那里就失效了。有人也许会反驳，量子理论是研究微观世界的，怎么可能反而失效了呢？试想，量子理论是在人这个小宇宙看微观量子而产生的。每个人看别人使用的一些东西，套在自己的身上就未必合适了。

原文里面说："爱因斯坦认为，量子力学只不过是对原子及亚原子粒子行为的一个合理的描述，是一种唯象理论，它本身不是终极真理。"从阳明心学角度来看，量子理论只不过是一种合理的描述工具罢了，还停留在唯象理论，并不是终极的真理的。量子的实相到底如何呢？也就是康德所说的物自体到底是如何的呢？现在物理学中研究终极真理的学说被称为物理实在论。指月之指非明月，量子理论如同指月的手指，手指并不代表着月亮本身。爱因斯坦这么说是对的。不愧是一代宗师。

2. 爱因斯坦的月亮

【原文】有一次，爱因斯坦和助手派斯在散步的时候，突然爱因斯坦停住了脚步，指着天上的月亮问派斯："你果真相信，如果不去看月亮，月亮就不存在吗？"

【解释】爱因斯坦关于月亮的提问，其中隐含着什么秘密呢？我们司空见惯的月亮，难道还能有什么秘密不成。在学习人像素描的朋友，也许会发现，我们对自己有许多的不了解。我们对自己都不了解，如何能够了解远在千里之外的月亮呢？我们习惯性的以为，眼睛在头部偏上三分之一的位置，可是事实不是这样的，刚好是一半的位置。如果不信，可以自己对着镜子测量一下的。

古代有句话：指月之指非明月。指向月亮的手指并非月亮本身。假如说古圣先贤可以看到月亮，可以看到真理，他们想让我们也看得到，所以就用手指指给我们看。可是我们顺着手指努力去看，还是看不到。并不是圣人给我们指错了方向，而是我们的心被物欲所蒙蔽了，就好像是被一片叶子遮住了双眼就看不到泰山一样，被两颗豆子塞进耳朵，就听不到雷声一样。我们看不到月亮，也许会有几种反应。第一种是怀疑圣人说的话是不是真的，这个世界是否真的有月亮，真的有真理，甚至会大笑，会攻击诋毁圣人所说的话；第二种是半信半疑，也许说的是真的吧，可是睁大眼睛，只能朦朦胧胧地看到好像是月亮的东西；第三种是可以看到一点月亮了，对此深信不疑。

之前我们讨论过弹琴的例子。手指去弹琴，而产生了雅正的琴声。手指类似于我们这个心；琴声类似于我们所见到的月亮；而琴代表着月亮的实相。月亮的实相是什么样子的呢？我们看到月亮是圆的，而且发光，有颜色。如果没有人眼接收，没有大脑，没有我们的心，月亮就没有什么颜色。颜色的本质是什么呢？我们知道太阳下山了，这个世界就没有什么颜色了。颜色只不过是不同波长的光波在人眼中，心中的反应罢了。对于形状大小的感知，对于边界的感知，也是由于心中的感知罢了。如果离开观察者，离开观察，离开心，是没有月亮存在的。但是要注意一点，虽然没有月亮这个形象存在，可是还是有月亮的实相存在。

颜色是什么呢？彩色世界也许难以一下子弄明白，那么，我们看黑白的世界，我们看素描中的世界吧。素描只用了黑和白两种颜色。可是在黑和白之间，还有无数层次的。世界并不是非黑即白的。善和恶之间还有无数层次的，这个世界并不是非善即恶的。福和祸之间还有无数层次的，这个世界并不是非福即祸的。如果为善，祸可以易为福；如果为恶，福可以易为祸的。穷和富之间有无穷多层次，如果俭易变富，奢易变穷。

我们说光有波粒二象性，这个也只是有两种象而已，并不能说光就是粒子，光就是波。盲人摸象，有些摸着像柱子，有些摸着像墙壁，这也是两种象而已。具体光是什么，光的实相是什么呢？我们可以参考月亮来思考一下的。对于基本粒子而言，如果离开了观察、离开了观察者、离开了心来谈是没有什么意义的。如果离开了观察，速度就不存在了，光速也不存在了，超光速也不存在了；如果离开了观察，大小也不存在了，时间也不存在了，空间也不存在了。也许有点难以想象，可是这个是实相来的。由此可以看出，粒子标准模型需要重建。

3. 波粒二象性

【原文】波粒二象性是指某物质同时具备波的特质及粒子的特质。波粒二象性是量子力学中的一个重要概念。在量子力学里，微观粒子有时会显示出波动性（这时粒子性较不显著），有时又会显示出粒子性（这时波动性较不显著），在不同条件下分别表现出波动或粒子的性质。这种量子行为称为波粒二象性，是微观粒子的基本属性之一。1905 年，爱因斯坦提出了光电效应的光量子解释，人们开始意识到光波同时具有波和粒子的双重性质。1924 年，德布罗意提出"物质波"假说，认为和光一样，一切物质都具有波粒二象性。根据这一假说，电子也会具有干涉和衍射等波动现象，这被后来的电子衍射试验所证实。

【解释】为什么说光具有波粒二象性呢？我们已经知晓，如果离开测量去谈量子是没有什么意义的。量子对观测有依赖性。我们说波粒二象性，也是离不开观察者，离不开测量，离不开心的。可以说光在我们的心中，在我们的眼中是波粒二象性的。但是，我们不能说光就是波粒二象性的，不能说这个就是光的实相。

类似于弹琴的那个例子。手指代表心；琴对应着光的实相；琴声对应着我们所观测到的量子。琴声如梦如幻，粒子也是如梦如幻的。波粒二象性也只是象，也只是表象罢了。古人讲：大象无形。实相也许是无形的。大家都很熟悉盲人摸象的例子。如果摸到大腿就觉得大象就像柱子，如果摸到身体就觉得大象像墙壁。那我们也可以说大象是柱墙二象性的。那有没有第三种象呢？对于大象我们是知道的，如果我们摸大象的耳朵，就觉得大象像扇子。也许我们该称之为柱墙扇三象性。

我们来思考一下，为什么光是波粒二象性的呢？爱因斯坦也一直在思考光是什么这个问题。

为什么基本粒子的运动是跳跃的而不是连续的呢？我们的心念弹指之间有多少次的起心动念，绵绵密密我们都不清楚，我们没有觉察到是非连续的。研究量子理论，一步步地逼近了宇宙和人生的实相。我们都看过电影，电影的胶片连续变化，就使得我们觉得屏幕上的剧情像真实的一样。相同的道理，我们的心如同照相机一样，隔极小的一段时间就会照一下，就会觉得外在的事物都在连续的运动着。我们的心跟放映机是类似的。如果单单看一个胶片，那个胶片是静止的。我们都熟悉风动幡动那个公案，如果在一个极小的时间片段里，风也不动，幡也不动的。为什么风动幡动，只是仁者心在动而已。正是由于心如放映机，非连续性的，所以光就会被切分成一个片段、一个片段的粒子了。

心相当于一个极其精密的测量仪器，也会有精度。测量的最高速度是光速；最小的时间是普朗克时间，这就是心念间距的时间；最小的空间就是普朗克空间；最小的质量就是光子的质量 hv/c^2（h 为普朗克常数，v 为光的频率，c 为光速）。光子仅仅是现象实体，而非自在实体。光子静止质量为零。然而，光子会静止吗？心静止了，光子就静止了。光子并非光的实相，只是由于人去观测光的实相，而有了粒子。运动赋予了光子质量，光子构成其他基本粒子，光子构成万物。所以运动赋予了万物质量，运动是万物质量的源头。然而风不动，幡也不动，而是仁者心动。西方也有飞矢不动的悖论。并非万物运动，而是心动而已，心动为万物质量的源头。心不动，万物质量为零，宇宙质量为零，这个真相令西方科学家感到震惊又不得不接受！标准粒子模型存在着巨大缺陷，无法给予粒子质量。

质能方程中质量和速度有直接关系，速度与观察者有关，所以，质量同样也与观察者有关。如果离开观察者来谈质量，这是没有意义的。如此看来，最小的基本粒子为光子，这是真正的上帝粒子。而光子由光阴子和光阳子构成。

大家也许都听说过柏拉图的洞穴譬喻。在一个洞穴里，有一群人被绳子捆住了。在这群人面前有一面大大的白墙壁，背后燃烧着一堆篝火。在墙壁上出现了光影变化，就像放电影一样，这群人以为是真的。随着墙壁上的光影变化而心情起伏不定，有了喜怒哀乐不同的情绪。这群人都以为是真实的。当一个人挣脱了绳索，走出洞外去见识了一切真相，返回洞中告诉其他人的时候，无论他如何说，这些人都不相信，以为是他疯了。王阳明先生一开始弘扬心学的时候，被人排挤耻笑，不跟这个人有些类似吗？古人讲：梦中说梦。我们也许在一场大梦中，还在说夜晚的梦。人生也许就像一部多维电影，只是太过于逼真了，精度很高。我们的心这台超级放映机，放片速度很快，每隔普朗克时间就换一张。

为什么光又是波动的呢？我们知道人的大脑由亿万个神经元组成，大脑中有脑电波存在。我们所说的心是由大脑和五脏六腑阴阳和合而成的。单独一个大脑并不等于心。为什么光有波动性呢？这和观察者本身有关，我们的心是有起心动念，我们的心是有波动性的，和外物的实相共同发生作用，因此，我们眼中的世界也是有波动性的。所以说光有波动性，电子也是有波动性的。这么说是不是太过唯心了呢？恰恰相反，不是唯心，也不是唯物，是心物一元的。

4. 质量和速度

【原文】质速关系。在相对论力学中，物体的惯性质量分为静质量和相对论质量，两者的关系式即质速关系。狭义相对论预言，物体的惯性质量随其运动速度的增加而加大，速度趋于光速时，惯性质量趋于无限大。

【注解】据说相对论只有三个半人懂，是真的吗？也有人说，其实没有人真正懂量子力学。以前读书的时候自诩以为物理学很好，所以不相信这句话，现在随着年岁渐深，慢慢懂得这句话的分量了。物理学走得太快，快了一百年，灵魂落在后面了，未能"知行合一"。

真正懂相对论需要满足以下两个条件：一是精通物理、数学计算工具；二是已经明心见性的人，也就是得道的人。为什么这么说呢？相对论里面涉及许多关于宇宙和人生实相的东西，如果仅仅停留在计算上，只是理解了相对论的一个方面。举个简单的例子，有关于速度的问题，为什么最高的速度是光速呢？为什么光速这么特殊呢？存不存在超光速呢？

速度的本质是什么呢？我们都听说过关于风动幡动的公案了。不是风动，也不是幡动，仁者心动。如果离开了心，离开了观察，风也非动，幡也非动。这个动是相对于观察者在动的，相对于心在动的。离开心来谈动，这个是没有什么意义的。有人也许马上会跳出来反对，说这个是唯心主义。这个不是什么唯心主义的，如果是唯心主义，就是完全唯心，这个是心物一元的。唯心主义是只偏向于心，而心物一元是兼顾了心物。

既然离开了观察，离开了心，是非动的，说速度是没有什么意义了。外在的物体运动，加上心的感知和观察，最高的速度是光速。任何测量工具都有测量精度的，人心也是终极测量工具，也有测量精度。测量最快的速度就是光速了；最小的质量就是光子的质量，而光子的静止质量为零，运动赋予光子质量；最小的空间就是普朗克空间了。也许最小的粒子根本不是希格斯粒子，而应该是光子的。既然如此，也就不存在所谓的超光速了。

爱因斯坦有个描述质量和速度的关系公式，速度离开了心都是虚妄了，质量和速度有很简洁的数学关系，因此，质量如果离开了心也是虚妄了。所以说最小的基本粒子和心有关，而心的测量极限就是光子对应的质量。世界上最小的基本粒子的就是光子，这才是真正的上帝粒子。

光子的静止质量为零，运动起来就赋予了光子质量，而且运动起来的速度是光速。然而，关于风动幡动那个公案我们知晓，不是风动，也不是幡动，而是仁者心动，是我们的心这个超级测量工具在动。我们就有了同样的想法，不是光在动，而是心在动。光在动，是由光的实相和心共同作用而产生的结果。我们能否让光静止呢？不能强制它，只要我们的心静止了，进入了静定了，光就静止了。宇宙由许多粒子组成，而光子是构成现有的基本粒子的最小单元。如果心静止了，光子质量为零，宇宙的质量也为零。这个结果令科学家感到震惊！这也是科学家研究量子物理遇到的瓶颈所在。标准粒子模型无法解决物质的质量缺陷问题。所以物理学家寄希望于希格斯粒子，希望它来赋予万物质量。这就成为科学家的救命稻草了！

真相是什么呢？让我们拭目以待。

5. 时间为什么会变慢

【原文】狭义相对论预言了时间膨胀相对论性效应，已经获得大量实验的直接证明。牛顿的是绝对时空。爱因斯坦的时空为相对时空，它以观察者为核心，强调可观察，以光速为极限，将过去和现在联系在一起，称为四维时空。时间的膨胀是观察者观察的结果，是四维时空的产物，时间的测量依赖于观察者所处的参考系。

【解释】什么是时间呢？爱因斯坦的相对论革新了时间观念。速度是相对的，时间也是相对的。古代传说：天上一天，地上一年。这可不是子虚乌有的事情，在相对论里面都给出了答案。

了解时间对于物理学来说，是其中一个最大的开放性问题，历史之中哲学家们一直以来也备感困惑。时间是什么？为什么它有方向？这个概念被定义为时间之矢，通常直指时间的不对称性，虽然宇宙中大多数的定律是绝对的对称。

据说在几十年前做过一个试验，把两台世界上最准确的铯原子钟，经过校准后，一台放在地下室，另一台放到飞机上。如果把它们都放在地下室，即使经过一年，他们之间也分毫不差。然后，飞机载着铯原子中，绕地球一周，回来后，飞机上的钟比地下室的钟慢了约 1.23 秒。由此，许多科学家得出结论，天上的时间确实比地上的时间过得慢。在当时的情况下，铯原子钟是人类所能达到的最精确的计时工具，通常作为时间标准原器使用。当然，现在有了更精确的计时工具了。这个试验结果，当时曾轰动一时。在狭义相对论中，有个时间膨胀，也就是钟慢效应的概念。运动的时钟比静止的时钟要慢一些。

时间的本质是什么呢？爱因斯坦曾经说过，时间和空间只不过是人类认知的一种错觉罢了。难道时间真的是假的吗？时间真的不存在吗？时间到底是什么呢？我们还梦想着能够回到从前，穿越到古代和未来？我们能够实现吗？可是我们认识了时间的实相以后，就会知道，甚至我们都无法穿越到一秒前，更不用说是穿越到古代了。时间的尽头就是当下一瞬间，此时此刻就是永恒的。

日月双轮不断地变化，使得我们就有了白天黑夜的感觉，有了时间的概念。我们的眼睛接收到太阳光，就是白天；接收不到太阳光，就是黑夜。然而，太阳总有一天会离我们远去，白天还能称之为白天，黑夜还能够称之为黑夜吗？时间只是外物的变化，有个先后的顺序，使得我们有了时间的感觉。在人类漫长的进化旅途中，人们对过去的事情存在心中，所以有了过去这个时间概念；人们对未来有憧憬，也有担忧，所以有了未来这个时间概念。实则唯一可以把握的只有现在，只有当下一刻。人类在远古时期，为了抵御野兽和自然灾害，就有了群居的这种习惯。现在人类已经成为这个星球上最强大的生物了，还在沿袭着习惯，群居在一起，这也是进化的一种惯性罢了。《金刚经》上说：过去心不可得，现在心不可得，未来心不可得。过去的已经过去，哪怕是过去了一秒也无法返回了；现在的一瞬间，转瞬即逝，如同白驹过隙，如何能够抓得住；未来的还没有来。所以说瞬间即永恒。应无所住而生其心，我们的心念迁流不息，外事外物也是迁流不息的。

一花一世界，一叶一菩提。一艘高速飞行的宇宙飞船是一个小宇宙，每个人都是一个小宇宙。飞船 A 是一个小宇宙，飞船 B 也是一个小宇宙。只有置身于小宇宙之内才知晓小宇宙的运作规律。飞船 A 有自己的时空，飞船 B 也有自己的时空。原子是一个小宇宙，内部有自己的时空。对于不同的小宇宙而言，都有自己的时空参照系，从这个宇宙变化到另外一个小宇宙，时空就会发生了变化，这个就是时间膨胀效应。

6. 空间为什么会弯曲

在爱因斯坦的相对论中，有讲到空间弯曲。空间怎么会弯曲的呢？真是令人难以想象。在物体周围空间会发生弯曲，特别是那些大质量的物体周围。如恒星、黑洞等周围，光线会发生弯曲。在黑洞那里，甚至光线都无法逃脱弯曲。

请注意了，这个弯曲是相对观测者而言的，如果离开观测者来谈弯曲，这个是没有任何意义的。由实相和观测者共同发生作用，而产生了空间弯曲这个观测结果。实相到底如何呢？

第十三章　哥本哈根学派

1. 测不准原理

【原文】德国物理学家海森堡 1927 年提出的不确定性原理是量子力学的产物。这项原则陈述了精确确定一个粒子，例如原子周围的电子的位置和动量是有限制。这个不确定性来自两个因素，首先测量某东西的行为将会不可避免地扰乱那个事物，从而改变它的状态；其次，因为量子世界不是具体的，但基于概率，精确确定一个粒子状态存在更深刻更根本的限制。

比如，用将光照到一个粒子上的方式来测量一个粒子的位置和速度，一部分光波被此粒子散射开来，由此指明其位置。但人们不可能将粒子的位置确定到比光的两个波峰之间的距离更小的程度，所以为了精确测定粒子的位置，必须用短波长的光。

但普朗克的量子假设，人们不能用任意小量的光：人们至少要用一个光量子。这量子会扰动粒子，并以一种不能预见的方式改变粒子的速度。所以，简单来说，就是如果要想测定一个量子的精确位置的话，那么就需要用波长尽量短的波，这样的话，对这个量子的扰动也会越大，对它的速度测量也会越不精确；如果想要精确测量一个量子的速度，那就要用波长较长的波，那就不能精确测定它的位置。

于是，海森堡写道："在位置被测定的一瞬，即当光子正被电子偏转时，电子的动量发生一个不连续的变化，因此，在确知电子位置的瞬间，关于它的动量我们就只能知道相应于其不连续变化的大小的程度。于是，位置测定得越准确，动量的测定就越不准确，反之亦然。"

【解释】测不准原理让科学家觉得不安。我们都习惯于客观实在的世界，喜欢被我们能够精确的计算和预测的世界。也难怪爱因斯坦会说：上帝不会投掷骰子。量子理论经过那么多年的发展，已经应用在方方面面了，理论比较成熟，而且经过了实验的检验。这么说，量子理论一定就是对的了，爱因斯坦是不是一定是错的了呢？是不是宣告波尔已经战胜了爱因斯坦了呢？

我们学习素描绘画就知道，黑和白之间还有几千甚至是无数个层次的颜色的。假如说我们以非黑即白的思维，也许不能得到世界的实相的。同样的道理，在对和错之间，也有无数个层次的。也许爱因斯坦也并没有错的。只是基于观察的角度不同而已。我们说物理现象不能离开观察的，如果离开观察，离开观察者来谈理论，也是没有什么意义的。

量子理论是基于宏观的视角来观察研究微观世界的理论，而相对论是基于宏观的视角来观察研究宇观世界的理论的。如果换个角度，我们缩小钻入原子内部去观察研究这个微观世界，也就不会有什么测不准原理了。微观世界也是一个井然有序的世界。正所谓一花一世界，一叶一菩提。原子本身也是一个小宇宙来的。

从宏观视角来测量微观世界，只能是通过粒子来进行探测，而探测的结果只能通过统计的规律来体现。而统计本身就非确定性的东西。我们想象一下，站在宇观的视角来看待我们这个太阳系，假如我们是一个巨人，太阳系就好像是原子那么小的一个小宇宙。我们这么比方是有理由的，太阳系半径/太阳半径＝原子半径/原子核半径。原子和太阳系有许多相似的地方，这不仅仅是如此。

假如我们要探测太阳系这个小宇宙，就要用地球般大小的星球来进行探测。当然，也是记录统计规律的。如果用太小的星球来撞击，完全都没有什么反应，一下子就掉到大海里面去了。如果用太大的也不行，当地球运转到某个地方，而刚好被撞上的时候，波函数就坍缩了，这就是所谓的波函数坍缩了。我们就会觉得好纳闷，怎么是测不准的呢？似乎上帝在投掷骰子。

这么看来爱因斯坦没有错，波尔也没有错，只是大家所站的角度不同而已。爱因斯坦由此也许可以完成大统一理论。

微观量子是测不准的，那么，我们的命运是不是也是测不准的呢，还是命中一切已经注定的呢？既然说命运，命即是生而带来的，命中注定的；运即运气，这个是外缘，是机遇，这个是可以改变的。命和运是互为阴阳的，类似量子纠缠是相互纠缠的。命注定多了一分，运就少了一分改变；命注定少了一分，运就多了一分改变。古人讲：万法唯心造，只要我们能够但行好事莫问前程，就能够改变我们的命运。多做一分善事，福就会增加一分。反之，多做一分恶事，祸就会增加一分。

2. 哲学争议

【原文】海森堡原理的提出，引起了一系列的哲学争议：物质微观运动的基本规律统计性是否是实质的？是否必须放弃或推广决定论或因果原理？量子力学能否看成一种"完备的"理论？微观客体和测量仪器之间到底是什么样的关系？人对事物的认识有没有最终的界限？如此等等。

【解释】我们对这一系列的问题分别来进行探讨。

（1）关于统计的问题。我们研究微观世界离不开测量，而测量的结果以统计来进行反应。之前我们讨论过，假如一个巨人站在宇观角度来看太阳系，太阳系就好像是一个原子那样小，用星球来探测，也只能记录下统计的数据。统计只能是反应微观粒子的运行规律，数学和物理工具只能是指向实质，并不是实质本身。指向月亮的手指永远都无法成为月亮本身。统计也是同样的道理，无法成为实质本身。

（2）关于决定论和因果原理的问题。因果这个是宇宙和人生的普遍规律来的，对于量子世界也是如此的，不可违背。可以用一个简明的例子来说明决定论。比如山上的一块石头，也许放了几个世纪，可是总是可以计算出它所在的高度、石头的质量、山坡的角度和摩擦力等因素，就可以计算出石头掉下来会停落在哪个位置。这个可以说是预先计算决定下来的。然而，测不准原理似乎告诉我们是测算不出来的。这并不矛盾的，这是由于站在另外一个宇宙来看原子这个小宇宙，自然是测不准的。比如，我们如何能够知道另外一个人心里怎么想的呢？也许可以通过看他的行为动作、表情和语言等来进行猜测，但是，也许语言和行为刚好是相反的，如果我们相信他所说的话，就不能相信他的行为；如果相信他的行为，就不能相信他说的话。测得准量子位置就测不准速度。我们人对于另外一个人也可以说是测不准的。可是，假如我们换位思考，跑到了另外一人的心里，就可以看清楚一切了。同样的道理，假如我们钻进原子这个小宇宙，就不会有什么矛盾了，也都是预料之中的事情。量子理论不再适用了。

（3）关于量子力学是否是完备的理论。什么是完备的呢？这个世界上哪里有十全十美的事情呢？完备可以为乾卦，一点都不完备可以为坤卦，中间状态还有许多种。黑色和白色之间还有无数个层次的，并不是非黑即白的。量子力学只是从宏观视角看微观世界的一个理论工具罢了。如果从宏观视角看宇观世界，就不能用量子力学，而应该要用相对论了。这就好比不能用显微镜来看宇观世界，也不能用望远镜来看微观世界一样的。显微镜就好比是量子力学，而望远镜好比是相对论，为什么我们的科学家非得要去统一显微镜和望远镜呢？为什么会觉得显微镜和望远镜是矛盾的呢？为什么觉得量子力学和相对论是不相容的，是矛盾的呢？

（4）关于微观客体和测量仪器之间的关系。微观的客体比如中子、质子、中微子和电子等，这些客体是独立于观察者之外的吗？独立于测量之外而存在的吗？之前有举过苏东坡关于弹琴的例子，琴声就代表着我们所描述的这些基本粒子，而手指代表着心，琴代表着实相。我们是要知晓琴的实相，知晓宇宙和人生的实相，要知晓这些粒子的实相，可是，我们却只能是知道教科书里面描述的电子等基本粒子如何。我们是要知晓月亮本身，而我们所能知道的只是指月的手指。我们只能说，我们观察到了一个像电子的东西。谈基本粒子，离不开测量、观察和观察者。我们要通过粒子去碰撞而测量粒子，那有可能有大量的微观的粒子，由于太小了，而不能够被探测出来。本书中我们曾经探讨过，上帝粒子、最小的粒子应该是光子。光子由光阴子和光阳子构成。而光子的质量为零。运动赋予了光子质量，光子构成了万物。不是风动，也不是幡动，而是仁者心动。不是光子在动，而是仁者心动而已。如此可以说，心动赋予了光子质量，心动赋予了万物质量。心静止了，宇宙质量为零。这是令西方科学家感到震惊的事实！而最小的空间就是普朗克空间。基本粒子的标准模型存在着严重的缺陷，不够简洁而完美。标准模型中发现的基本粒子，在质量上相差很悬殊。宇宙是美妙的，标准模型起码应该要像八卦和六十四卦那样美妙。也许数学李群 E8 可以接近于这个标准模型，真正的模型应该是阴阳八卦图。

（5）人对事物的认识有没有最终的界限？西方有句话：人类一思考，上帝就发笑。也许人类永远只是在思维里面打转的。我们有没有想过语言、文字、逻辑、数学和物理的本质呢？这些东西只不过是指向月亮的手指罢了，并不是月亮本身的。

3. 关于测量

【原文】在观测作用过程中，发生了从可能到现实的转变。如果我们想描述一个原子事件中发生了什么，我们必须认识到，发生一词只能应用于观测，而不能应用于两次观测之间的事态。它只适用于观测的物理行为，而不适用于观测的心理行为，而我们可以说，只有当对象与测量仪器从而也与世界的其余部分发生了相互作用时，从可能到现实的转变才会发生；它与观测者用心智来记录结果的行为是没有联系的。然而，概率函数中的不连续变化是与记录的行为一同发生的，因为正是在记录的一瞬间我们知识的不连续变化在概率函数的不连续变化中有了它的映象。

【解释】在观测作用过程中，发生了从可能到现实的转变。似乎很神奇，科学家起了个名字叫波函数的坍缩。然而，真的有这么回事吗？

之前，有提过手指弹琴的例子。手指为心，琴为外物实相。如果手指不去触碰琴，就不会有琴声；也就是说如果没有用仪器去测量、不去观测量子，就不能称之为发生，就不能从可能到现实进行转变。这个发生是在于手指触碰琴弦的那一刻；在于测量量子的那一刻。

4. 没有人真正懂

【原文】其实没有人真正懂量子力学。至少有以下三位量子力学权威的话可以为证：（1）推出量子力学的正统诠释的哥本哈根学派的领袖人物玻尔曾说："如果谁没被量子力学搞得头晕，那他就一定是不理解量子力学。"（2）爱因斯坦说："我思考量子力学的时间百倍于广义相对论，但依然不明白。"（3）费曼说："我们知道它如何计算，但不知道它为何要这样去计算，但只有这样去计算才能得出既有趣又有意义的结果。"

【解释】科学家说，其实没有人真正懂得量子力学，真的是这么一回事吗？量子力学不是已经应用到方方面面的吗？随着对量子力学和传统文化的深入学习，产生了对量子力学的敬畏之心。

在大学的时候，系统学过量子力学计算的东西，但是计算并不等于理解。正如费曼说的那样，现在也许有许多科学家仅仅停留在计算上面，停留在用数学工具来描述量子力学。由于量子力学太让人感到困惑了，太不可思议，所以大多数人都放弃去理解它。这样也许不会太费脑子。然而，我们知道数学工具只是描述宇宙实相的工具罢了，只是指向月亮的手指。

我们可以用相对论来打破量子力学的困惑，所谓的相对论，就是什么都是相对的。我们在宏观世界观察微观世界，所以就有了量子理论，用量子理论可以很好地描述我们这个视角。我们去看另外一个微观小宇宙，觉得不可思议，觉得测不准，这个也是情理之中的事情。想象一下，我们去观测别人，也会有些不可思议的，很难猜得准别人心中的想法。从宏观世界的角度来观测宇观世界，也会有一些不可思议的事情发生。在宇观世界中，需要逼近光速的飞行，如此就会出现了空间弯曲、时钟变慢的结果了。

同样的道理，假如我们从宇观角度来看太阳系这个小宇宙，也许就好像是原子那么小了。此时，宇观世界的巨人就可以用量子理论来描述太阳系了。假如我们缩小钻入原子内部，也许就会发现，一切都是那么有条不紊，经典物理学也同样适用于原子内部了。

我们来看看绘画的例子。我们在绘画的时候，也是离不开观测者的。我们把三维的世界转化成了二维的画作。我们在纸上按照大脑识别的习惯留下了记录。这些记录如果离开了人的观察，是没有任何意义的。这些记录，在人的眼里，可以产生三维的错觉。

如果换一个视角来看，相对论和量子力学并没有存在什么矛盾。爱因斯坦没有错，波尔也没有错，他们只是视角不同罢了。如果我们缩小钻入微观世界内部去看，上帝就不会投掷骰子。

5. 平行宇宙

【原文】平行宇宙的概念，并不是因为时间旅行悖论提出来的，它是来自量子力学，因为量子力学有一个不确定性，就是量子的不确定性。平行宇宙概念的提出，得益于现代量子力学的科学发现。在20世纪50年代，有的物理学家在观察量子的时候，发现每次观察的量子状态都不相同。而由于宇宙空间的所有物质都是由量子组成，所以这些科学家推测既然每个量子都有不同的状态，那么宇宙也有可能并不只是一个，而是由多个类似的宇宙组成。玻尔把观察者及其意识引入了量子力学，使其与微观粒子的运动状态发生关系。但观察者和"塌缩"的解释并不十分清晰和令人信服，也受到了很多科学家的质疑。例如，塌缩是如何发生的，是在一瞬间就发生，还是要等到光子进入人们的眼睛并在视网膜上激起电脉冲信号后才开始。

【解释】科学家发现每次观察量子的状态都不同。我们来打个比方吧。我们可以把原子当作一个宇宙，也可以把太阳系当作一个宇宙。对于宇观世界而言，假设有一个很大的巨人，他在研究太阳系。在他的眼里，这个太阳系就像原子那么小。相对于这个巨人来说，太阳系就是微观世界了。这个巨人要研究地球这个基本粒子，可是每次去测量这个基本粒子的时候，似乎状态都不一样。

巨人要测量地球这个基本粒子，只能是通过基本粒子来进行探测，用跟地球差不多大小的粒子来撞击。地球在公转的同时，还在自传。假如地球在某一天被外来的粒子探测到了，这时刚好东半球对着他，也许刚好打到海洋；另外一次测量，刚好西半球对着他，也许刚好打到了陆地上。刚好探测到，这个就对应于波函数的坍缩。这个巨人就感觉到很奇怪，怎么每次测量，这个地球都不一样呢？对于巨人来讲，只能通过统计的理论来对地球进行描述，也就是用量子理论来描述太阳系了。这时候，量子理论就可以用于描述太阳系了。可是我们知道，当我们在地球上的时候，可以用经典物理学来描述太阳系的。也许当我们缩小到了原子内部去的时候，就可以用经典物理学来描述原子内部的基本粒子了，那时量子理论就不再适用了。

也许我们应该修正一下平行宇宙和多宇宙理论。古人有讲，一花一世界，一叶一菩提。一朵花是一个宇宙，一片叶子也是一个宇宙；一个人是一个小宇宙，一个原子也是一个小宇宙的。每个宇宙都有自己的时空参考系的，针对该宇宙内部的观察者而言，时空只是一种错觉罢了。这样就革新了平行宇宙的理论了。相对论，顾名思义就是相对来讲的。这个世界没有绝对的东西，在古代，我们以为地球是宇宙的中心，后来哥白尼革新了我们的观念。布鲁诺为了捍卫日心说，而献出了宝贵的生命。当我们在地球上的时候，我们习惯以地球为中心；当我们在月球上的时候，我们习惯以月球为中心。当我们在一个小宇宙内部的时候，习惯性的以该宇宙为中心；当我们在原子内部，就习惯性的以原子为中心了。这个中心也是相对的。《道德经》中有讲：不敢为主而为客。

我们习惯性地以自我为中心，而去看别人的。也许我们会觉得别人有些行为和想法是不可思议的，也是测不准的。我们在宏观的角度来看微观量子，看另外一个小宇宙，也是如此的。我们对微观的量子感到不可思议，觉得测不准。可是假如我们换位思考，钻入到别人的内心去，就会觉得很正常了，也不会是测不准的了。而从古至今，以自我为中心这种小我的执着的观念，是很难去打破的，也许比地心说还要难以打破。如果能够打破自我的执着，也就能够到无我的境界了。

波尔把观察者引入量子理论，这是极大的进步。爱因斯坦也把观察者引入了相对论，光速不变，这个是基于观察者而言的。速度也是相对而言的，离开了观察者，离开了心，速度是不存在的，光速也是不存在的了。在大脑的视觉皮层存在着对各种刺激敏感的神经细胞（包括对形状、颜色和速度等敏感的细胞）。当这些神经细胞被神经电流冲动激活的时候，我们就会产生与之对应的视觉体验。所以说，形状、尺寸、颜色和速度等都离不开心，离不开观察者而独立存在。所谓的波函数坍缩，对应于测量到的那一刻粒子的状态。波尔已经解释得很清楚了，许多人质疑，是由于不能理解量子理论的真谛而已。

第十四章　坚　白　论

1. 公孙龙

　　春秋战国的时候，出现了许多伟大的哲人，诸子百家中有一家被称为名家。名家的代表人物为惠施和公孙龙。虽然说是名家，但是公孙龙是孔子的学生，深得孔子的心法。明代王阳明先生也传承了真正的孔门心法。如此看来，公孙龙的学问跟王阳明心学是一脉相通的。由于公孙龙的学问能够跟王阳明心学相得益彰，互相发明物理学，所以也放在这里一起讨论。不可小看公孙龙，黄帝名为轩辕，而姓为公孙。

　　惠施与庄子为至交好友。惠施先庄子二十年离开人世，庄子在此后的时间里，几乎不与人谈什么话。庄子遇见惠施，可谓是高山流水觅知音了。公孙龙有白马非马的著名故事。名家向来被世人误以为是诡辩的，实则不然，他们为得道高人，他们的论述里面存在什么秘密呢？几千年后我们能否让这些秘密重见天日，造福世人呢？我们拭目以待。

　　《道德经》中讲，道可道，非常道；名可名，非常名。这个名字和名家的名有何不同呢？实则是相同的，名家的论述和老子的相得益彰，互相发明。这里的名是指相，在西方哲学之中也称之为表象。这个相是很大的一个概念来的，语言、文字、颜色等这些都是属于相。波粒二象性也是属于相，我们要透过相看清光子等粒子的实相。

　　我们用手去摸石头，而产生了坚硬的感觉，这个也可以称之为相。这个相是心和实相共同作用的结果。我们不能说这个相完全没有作用，所以我们既要于相，也要离相，于相而离相。请注意，外离相即禅。宇宙的实相如同天上的月亮，假如我们看不到，有圣人给我们用手指指出来，我们还是看不到月亮，就会直接把手指当成了月亮本身。大家也许觉得很诧异，哪里有这么傻的人呢？实则我们就是被自己大脑给骗了。语言、文字就是手指而已。我们需要于手指而离手指。名家教我们离坚白，也就是这个意思。要于坚白而离坚白。

数学、物理也都是指月的手指而已。量子理论和相对论也都是指月的手指而已。

如果我们能够自己实证离坚白，量子理论的大门将向我们打开，里面有取之不尽的珍宝等待着我们随手拿来。

2. 坚白石

【原文】"坚、白、石、三，可乎？"

曰："不可。"

曰："二可乎？"

曰："可。"

【解释】战国时期名家公孙龙有著名的《坚白论》，该文对于理解波粒二象性很有启发。由于原文并不是很长，所以就在此进行解释。问：坚、白、石三种属性同时结合在一起，可以吗？回答：不可以。问：两种属性结合在一起可以吗？回答：可以。

我们可以说坚石，白石，而不能说坚白石。只能是两两结合，而不能把三者放在一起相提并论。如果要放在一起，需要在更高的层次可以整合，人的大脑可以整合触觉和视觉。测不准原理讲到，粒子的位置和速度不能同时测到，不能放在一起的，但是，在更高的形而上层次是可以兼容的。虽然不能同时观测到光的波动性和粒子性，但是，在更高的层次是可以放在一起的。

对于粒子而言，同时具有粒子和波动这两种特性，也就是说具有波粒二象性。电子、光子等都具有波粒二象性。我们在说电子和光子的时候，就是在说粒子性。我们不能同时观测到粒子性和波动性，所以不能把粒子性、波动性，还有光三者同时放在一起来起名字。

坚是由手这个测量工具去测量的结果；白是由眼睛这个测量工具去测量的结果。假如还有其他的测量工具，测量的又是另外的结果。这些都是心对于石头的实相测量的结果。石头不仅仅有坚白二象性，还有其他的象，只是我们还没有去测量其他的而已。

同样的道理，光不仅仅有粒子和波动两种属性，还有其他的象，只是我们不知晓而已。

3. 为什么只能有白石和坚石

【原文】曰："何哉？"

曰："无坚得白，其举也二；无白得坚，其举也二。"

【解释】问："为什么这么说呢？"

回答："如果不用手去触摸，没有坚，而有白，加起来就是白石；如果不用眼睛去看，没有白，而有坚，加起来就是坚石。"在看的同时就有了白，如果不看并不存在白。正是由于眼睛接收到了白色的光波，在我们心里展示出是白的。同样的道理，如果我们不去观察光，就不存在光子。如果我们不去观测电子，就不存在电子，但是并不是什么都没有，而是有电子的实相。电子的实相是什么？我们现在无法知晓。

4. 为什么粒子和波动不能同时被观察到

【原文】曰："得其所白，不可谓无白。得其所坚，不可谓无坚。而之石也，之于然，非三也？"

曰："视不得其所坚，而得其所白者，无坚也。拊不得其所白，而得其所坚。得其坚也，无白。"

【解释】问："既然看石头，就可以得到白，不可称之无白。既然摸石头，就可以得到坚，不可称之无坚。而这两者都是针对石头来说的，那么，加起来不是就有三了吗？为什么不能说是三呢？"

回答："用眼睛去看是得不到坚的，而只能够得到白，所以是无坚的。用手去触摸是摸不到白的，而只能得到坚，所以说是无白的。如此说来，不能同时得到三的。"用一种测量方式可以测量到光是粒子，而不能同时测量到是波动的；用另外一种方式测量到光是波动的，而不能同时测量到是粒子。波动、粒子和光这三者不能同时出现，正如白、坚和石三者不能同时出现一样。

5. 为什么不能同时得到白和坚

【原文】曰："天下无白，不可以视石。天下无坚，不可以谓石。坚白石不相外，藏三，可乎？"

曰："有自藏也，非藏而藏也。"

【解释】问："天下如果没有白色，也就是说没有什么颜色，也就不能看石头了；天下如果没有坚硬，就不可以称之为石头的，石头必定是坚硬的。如果是一盘散沙不能称之为石头的。也不能软软的就称之为石头。坚、白和石这三者是融合在一起的，不能分开的，这里面是不是藏着三种属性呢？这样说可以吗？为什么前面说三者不能放在一起呢？"

回答："对于坚、白这两种属性，有自然地藏起来的，并非故意地藏而藏起来的。"

当你用手去触摸石头的时候，就可以有坚，而另外的白就自然地藏起来的，并不是刻意地藏起来。当你用眼睛去看石头的时候，就可以有白，而另外的坚就自然地藏起来了，也不是刻意地藏而藏。

当我们去测量光，产生了粒子的属性，波动的属性自然就藏起来了，并不是刻意地隐藏。产生了波动的属性，粒子的属性自然就藏起来了，并不是刻意地隐藏的。

物质的粒子性和波动性不能同时被观察到。当你用测粒子的方式测量，就会得到粒子属性；当你用测量波的方式测量就会得到波的属性，片面地否定其中的一个属性是绝对错误的。

海森堡于 1927 年提出不确定性原理（又称为测不准原理），这个理论是说，你不可能同时知道一个粒子的位置和它的速度。当我们测量到了粒子的位置，速度就隐藏起来了；当我们测量到了粒子的速度，位置就隐藏起来了。并不是粒子刻意跟人在躲猫猫。

6. 一坚一白不能相生

【原文】曰："其白也，其坚也，而石必得以相盛盈，其自藏奈何？"

曰："得其白，得其坚，见与不见离。不见离，一一不相盈，故离。离也者，藏也。"

【解释】问："石头有白的属性，有坚的属性，而石头必定和这两个属性相生相盈、相互融合在一起的，你所说的自藏到底是什么意思呢？不是都在的吗？"

回答："得到白，或者得到坚，这两者是不能同时出现的，见到了白，就不见坚；见到坚，就见不到白。这两者是相离的。不能同时见到，这个就是离，一（坚）一（白）不能相生相盈。所以称之为离。之所以称之为离，这也是藏的意思。"

当我们用眼睛去看石头的时候，坚就见不到了，坚就离了，虽然说离，但是并未离远的，而是藏在石头实相中了。所以说离即是藏。古人讲正法眼藏，正学道统并未离世人须臾，只是视而不见罢了。

物质粒子的粒子性和波动性不相生相盈，不会同时被观察到。

粒子的位置和速度不能相生相盈，不能同时被测量到，这个被称之为测不准原理。当我们测量到了粒子的位置，虽然速度就离了，但是并不是真的离开了，而是藏起来了，隐藏在实相之中了。

7. 广义视角看坚白并无矛盾

【原文】曰："石之白，石之坚，见与不见，二与三，若广修而相盈也，其非举乎。"

【解释】又回答："见到石头的白，就不见石头的坚；见到石头的坚，就不见石头的白。坚、白和石头加起来就是三了。如果能够在广义的方面来看，就知道还是有三了，难道不能成立吗？"对于一个人来讲，是同时可以去看，同时可以去摸的，在广义的角度来看，这又是没有什么矛盾的。

相对论和量子理论似乎有不可调和的矛盾，不可同时存在，但是在广义的角度，广义的视角来看，又并不存在什么矛盾的。站在宏观世界的角度来观测宇观世界，就有了相对论；站在宏观世界来观测微观世界，就有了量子理论。

假如有两个人，一个人有眼睛可以看；另外一个人有手，可以触摸。这两个人就好像是两个小宇宙。可以看的那个人，说这个石头是白的；可以摸的那个人，说这个石头是坚硬的。两个人争论得不可开交。实际上两个人都是对的。量子理论和相对论的争论源头正是如此。假如把这两个人合在一起，在更高的视角去看，就没有任何矛盾了。

这个石头就好像代表着宇宙，而世人的测量如同盲人摸象一般。

8. 不仅仅是石头如此

【原文】曰："物白焉，不定其所白。物坚焉，不定其所坚。不定者兼，恶乎其石也？"

【解释】问："物体虽然说是白的，但是并不是固定的。"这个白不是本来就有的，而是人用眼睛去看石头的实相，而看的一瞬间而有的。

又问："物体虽然说是坚硬的，但是并不是固定就有坚硬这个东西。"坚硬只是一个概念，要给人描述清楚坚硬是怎么一回事，说一万遍不如摸一遍。怎么样也说不清楚。要不怎么说，摸着石头过河呢？这也是知行合一。有一首歌是讲盲人的，你给我讲的白，我不知道是怎么样的白。你给我讲的坚硬，如果不是去摸一把，就不知道是怎么样的坚硬。只有触摸的那一刻，才知道什么是坚硬，而坚硬这个概念才存在。对于量子而言，只有去测量的那一刻，波函数坍缩了，量子的状态才知晓。

又问："这种不定的情况，在万事万物之中都是存在的，难道只有石头存在吗？"对于月亮而言，爱因斯坦感到困惑，他问助手：难道这个月亮，我不去看的时候果真不存在吗？月亮如果不去看，有月亮的实相存在，但是那个实相没有形状，没有大小，没有颜色，如何称之为月亮呢？只有我们去观察了月亮，在我们心中才形成了月亮这个样子。万事万物都是如此的，不仅仅是石头。

虽然看似讲一个石头，而且是诡辩，但不是的。通过讲清楚一个石头，就可以讲清楚宇宙了。格清楚石头，就格清楚量子了。

9. 非坚白无石

【原文】曰："循石，非彼无石，非石无所取乎白。（坚、白）石不相离者固乎。然其无已。"

【解释】回答："就拿石头来说吧，如果没有白，也就是没有颜色，没有坚，就没有石头。"如果失去了白和坚，就不能称之为石头了。假如有一样东西，啥颜色都没有；摸起来很软，如此不能称之为石头了。

又说道："如此看来，坚和石头是不分离的；白和石头是不分离的，这也是显而易见的道理了。然而，这些不分离也一直都是存在的。"粒子性和粒子不分离；波动性和粒子不分离，而且一直都是如此的。

10. 于相而离相

【原文】曰："于石一也，坚白二也，而在于石。故有知焉；有不知焉，有见焉，有不见焉。故知与不知相与离，见与不见相与藏。藏故，孰谓之不离？"

【解释】问："石头是一；坚和白两种属性是二。坚和白都在于石中。"其实坚并非在于石中，而是在于我们的手和石头共同发生作用的结果。如果离开了我们的手和心，就没有坚。如果离开了石头，同样也没有坚。两者缺一不可。同样道理，白并非在于石中，而是眼睛观测石头的那一刹那，心和石头实相发生作用而产生了白。如果眼睛不去看石头，石头归于寂静，我们的心也归于寂静。如果我们去看石头的时候，石头的颜色一下子鲜明起来了。

正如我们的心和光共同发生了作用而产生了光子。离开心，无光子；离开光的实相，也无光子。

问："所以说这其中有知和未可知的秘密。"我们用手去摸石头，在心和石头实相的共同作用下，就有了坚的概念。然而，石头的实相如何，这是未可知的。我们用眼睛去看石头，在心和石头实相的作用下，就有了白的颜色，然而，石头的实相是如何，这也是未可知的。我们去测量光，在心和光的共同作用下，光有了粒子性和波动性，这个是我们可以知的。但是，光的实相到底是怎么一回事，这个问题爱因斯坦思考了一辈子。

问："有可以见到的，也有不可以见到的。有可以显现的，有不可以显现的。"用手去摸石头，就可以见到坚，而不可以见到白；用眼睛去看石头，就可以见到白，而不可以见到坚。用测量粒子的方式去测量光，就可以见到粒子，而不可以见到波动；用测量波动的方式去测量光，就可以见到波动，而不可以见到粒子。

问："所以说知和不知是分离的。"

这一句话讲两个分离，我们先讲第一个分离，就是实相和相的分离。我们可以知石头的颜色是白的，不可知石头的实相，这里颜色和实相是分离的。这也就是离相。外离相即禅。我们习惯性地把白石当成了石头本身，如此看来名家所说的白马非马，这个还是真理来的，并不是诡辩。马的实相本身并没有什么颜色的，也不是白的；白马并不是马实相本身。

我们接着讲第二个分离，坚和白是分离的，手去摸的触觉是分离的，眼睛去看的视觉是分离的。这两者分离开来甚至不知道对方的存在，所以会存在着争执和矛盾。假如我们把这两者分开来，一个人只能够看，另一个人只能摸，两个人去摸和看了石头以后，如同是两个世界的人，他们争论得不可开交。那个看见石头白的人，无论他怎么形容，另外一个人都无法理解。那个摸到石头坚的人，无论他怎么形容，另外一个人都无法理解的。这就好像爱因斯坦和波尔的争论一样，这就好像是量子理论和相对论之间的矛盾一样。两者需要在更高的层面进行整合。视觉和触觉在人的身上已经在更高层面进行整合了。

问："所以说见与不见是自藏的，并不是刻意而为之的。"当我们用手去触摸石头的时候，可以见到坚，而见不到白，白就藏起来了。并不是刻意地藏起来，而是自然如此的。当我们去测量粒子位置的时候，得到位置，而见不到速度，并不是刻意隐藏起来，而是自然如此的。

问："既然我们说到藏，也知晓了藏的本意，又有谁能说这不是离呢？"离即是藏，藏即是离。一根竹管，如果不开孔可以作为定音器来使用，虽然看似只有一个音，可是里面蕴含着五音。可以称之为胎藏。实则是音藏。如果开孔了，就分出了五音，形成了雅正的乐曲。我们的心可以分出七情六欲，如果没有分出之前，可以称之为中，称之为心藏。宇宙诞生之初，似乎只有一种力，可是里面蕴含着四种力，称之为力藏。

11. 白石非石

【原文】曰："目不能坚，手不能白。不可谓无坚，不可谓无白。其异任也，其无以代也。坚白域于石，恶乎离？"

【解释】问："眼睛虽然不能见坚，手虽然不能见白，然而不可以称之为无坚，也不可以称之为无白。"虽然手和眼睛处在不同的维度，无法去感知，但是不可以称之为不存在的。虽然量子理论和相对论处在不同的维度，由不同的视角而产生，但是并不是互相矛盾的。

问："眼睛是不能摸的，手是不能看的，不能异位的，也不能互相替代的。"假如我们用相对论去套在微观世界，这是行不通的；假如我们用量子理论去套在宇观世界，这也是行不通的。我们不能用测量粒子的方法去测量波动，不能用测量波动的方法去测量粒子。爱因斯坦研究大统一理论，需要上升到更高的维度才能统一，也就是形而上的高度。量子理论是由宏观世界观测微观世界的产物，相对论是由宏观世界观测宇观世界的产物。假如我们站在微观世界观测微观世界；站在宏观世界观测宏观世界，站在宇观世界观测宇观世界，如此就可以统一了。

问："坚和白本来是融合在石头里面的，怎么能够分离呢？"坚和白本来是不存在的，并非融合在石头里面。只有眼睛去看石头的时候，石头的颜色才会鲜明起来。不去看的时候，石头是在孤寂状态，我们的心也在孤寂状态。正是由于我们去看石头，所以创造出了白石；我们去摸石头，所以创造出了坚石。但是不可以执着于创造这两个字，虽然不去看，没有白石存在，然而有一物存在。此物没有颜色，也没有形状，只有人去观测的时候，心和实物发生作用，而产生了石头这个影像。这个影像不能等同于石头本身。也就是说白石非石。这也就是为什么说白马非马。

12. 手藏在裤袋里，坚也隐藏起来了

【原文】曰："坚未与石为坚，而物兼。未与物为兼，而坚必坚。其不坚石、物而坚。天下未有若坚而坚藏。"

【解释】回答："坚这个属性未必一定要和石头融合在一起，而与许多外物都是兼而有之的。"也就是说，不仅仅是石头，还有许多坚硬的东西。不仅仅是光有波动性，其他许多粒子也有。

回答："我们还没有用手去触摸外物的时候，外物还没有兼有这个坚的属性，而并不能绝对的否定坚的存在，也不能说坚绝对的存在。"只有触摸的一刹那，坚才和外物兼容，才融合在一起。只有我们去看花朵，花朵的颜色才鲜明起来。只有我们去看石头，石头的白色才一下子鲜明起来。只有我们去测量量子，量子才瞬间塌缩，才出现一种状态。测量量子如同拍照，量子运行到了一种姿态，记录下来了。所以说，量子也许有许多种状态。由于测量是有时间和空间的精度的，最小的时间精度是普朗克时间，最小的空间精度是普朗克空间。这就使得量子的运动似乎是跳跃的，而不是连续的。这就使得量子有了粒子性。

我们来打个比方，量子性对应于坚；波动性对应于白。现在科学家在试图用弦理论来统一物理学，然而，弦只是代表着波动性，如何能够单方面统一呢？正如不能仅仅用坚来描述清楚石头的实相。在坚的维度，无论如何也无法理解什么是白。在白的维度，无论如何也无法理解什么是坚。再说了，弦理论毕竟也只是指月的手指，能够用手指完全代替月亮吗？

回答："如果手不去触摸石头，而坚就离了石头，而隐藏在石头之中。如果用手去触摸外物，触摸的一刹那外物就有了坚的属性。"

回答："天下的人假如说都收手不干了，全部都放在裤袋里面，不再去触摸外物了。坚性就藏在了万物之中了。"虽然离了，虽然藏了，可是只要我们伸手去摸石头，坚又显现出来了。这其中隐藏了量子世界的秘密，我们去观测光，才有了光子；我们去观测电子，才有了电子。如果我们不去观测，光子就

淹没在光的海洋里了。如果我们不去观测，电子就淹没在大宇宙的海洋里了。宇宙本质上是光子流，所有的基本粒子都是由光子构成，万物都是由光构成。光子静止是没有质量的，宇宙静止的时候，质量为零。什么时候宇宙能够静止呢？正如古代的公案所说，不是风动，不是幡动，而是仁者心动。如果我们的心处于静止状态，也就是处于孤寂状态，万籁寂静，宇宙质量等于零。科学家为此感到无比震惊，然而这是实相。

13. 白色不会自己白

【原文】"白固不能自白，恶能白石物乎？若白者必白，则不白物而白焉，黄黑与之然。"

【解释】回答："白色不能自己就发白了，它并不是独立存在的，它怎么能使得石头和其他外物发白呢？"白色是由于我们的眼睛去看，石头才瞬间显现出来的。我们去看花的时候，花的颜色一下子鲜明起来。我们不去看花，花和我们的心都归于寂静。白色是不会独立而存在的，是心和石头的实相发生作用的同时创造的。同样的道理，白也不是像涂料那样，直接就使得石头和外物发白了。电子、光子并不是独立而存在的，而是人的观测和外物的实相共同创造出了电子和光子。光照亮人前进的路，我们又能用什么来照亮光呢？爱因斯坦一直思考光是什么。我们用心来识别万事不物，然而，我们用什么来识别自心呢？知人者智，自知者明。

回答："如果白色能够自己独立而存在，那么就不必要依存于外物而显现了。"白色要显现，两个条件缺一不可，一个是必须要依赖于外物的实相；另外一个必须要依赖于心。然而，石头的实相又是如何的呢？石头的实相是无颜色，无大小的。连这个名字也是人给起的。

回答："不仅仅是白色如此，黄色和黑色等其他颜色也都是如此的。"白色类似于琴声。手指对应于心，而琴弦对应于石头的实相。手指触碰琴弦的瞬间，乐音诞生了；眼睛看石头实相的瞬间，白色诞生了。请注意，石头和石头的实相是两个事情来的。

14. 皮之不存毛将焉附

【原文】"石其无有，恶取坚白石乎？故离也。离也者，因是。"

【解释】回答："如果石头都没有，到哪里去取坚白石呢？"所以说，石头的实相必须要有，如果没有石头的实相，坚和白都不存在了。正所谓皮之不存毛将焉附。手也必须要有，而且要去触摸石头，如此才能够有坚。眼睛也必须要有，而且要去看石头，不看石头，也不能得到白。

回答："所以说坚和白是离石头的实相的。"如果把白石等于石头的实相本身，这就大错特错了，所以说白石非石。如果把白马等于马的实相本身，这也是错了，所以说白马非马。如果把光子等同于光的实相本身，这也错了。如果把光的粒子性和波动性等同于光的实相本身，也就是说波粒二象性等同于光的实相本身，这也错了。如果把坚白石等同于石头的实相本身，这也错了。

回答："正是由于如此，所以有离这么一回事。"我们说指月之指非明月。我们要于手指而离手指，如果抓住手指不放，把手指当成月亮就错了。

15. 无心神就无白

【原文】"力与知果。不若，因是。且犹白以目见，目以火见，而火不见，则火与目不见而神见。神不见，而见离。"

【解释】回答："前面讲没有石头是不行的，坚和白也就无所归附了。力发生作用的瞬间就有了果。"单单有了石头也不行，需要有力的作用，需要有动作。如果不用手去摸石头，也就无坚，手去触碰石头的瞬间，就知道了坚这个果。眼睛去看石头的瞬间，就知道了白这个果。用测量工具去测量电子的瞬间，就创造了电子这个果。光子也是如此。庄子有个大风吹树的公案。大风吹大树的万个孔窍的瞬间，发出了万种声音。这些声音如梦如幻，实则对应着天地万物，对应五光十色的量子。

回答："如果不去以力发生作用，也就是离了。"这句话跟上面一句是连贯的。如果不去看花的时候，花和心都归于孤寂的状态。如果不去测量光，光和心都归于孤寂。前面讲了两个条件了，一个是石头要存在，另一个还要发生作用，也就是力的作用。力不能脱离物体而独立存在。四种力都是物体相互作用而产生。接下来讲第三个条件，也就是心。

回答："白由于有眼睛所以可以见到，可以显现。"然而，眼睛是不是最关键的东西呢？心为君主之官，眼睛只是五官之一罢了。

回答："光有眼睛也不行，需要有发生作用的媒介，也就是要有光线。"

回答："但是单单光线能显现吗？光线和眼睛也都不能真的显现，不能真的见到，而真正见到的是我们的心神。"石头的白的显现需要融合许多东西，需要有眼睛、光线、大脑等。然而什么是心呢？大脑是不是等于心？没有那么简单的，中医有讲心藏神，肝肺藏魂魄。五脏六腑和大脑和合而生成了心，这个心是一身的主宰，真正的主人。自心自性是真正的观察者。

回答："如果我们的心神不能够显现，而就可以说离了。"仅仅是眼睛在盯着发呆，而心处于孤寂的状态，也是离相的。心神相当于终极的测量工具。我们愿意花许多的精力去改造测量设备，甚至构建了庞大的粒子加速器，可是我们却很吝啬对于心神这个超级测量工具的投入。

16. 心神要于相而离相

【原文】"坚以手，而手以捶，是捶与手知而不知。而神与不知。神乎，是之谓离焉。"

【解释】什么是于相而离相呢？指月之指非明月。手指可以说是相。我们如果不依靠手指，根本都不知道月亮的存在。所以我们又得依靠手指，又不能被手指死死地束缚住了。如此就是于手指而离手指。对于石头也是如此，于白而离白，于坚而离坚。

回答："坚必须要以手才可以知，而单单伸出手也不行，手要有之前所说的那个力的动作，也就是捶击石头的动作，如此才可以知石头的坚。如果光有这两样，而心神不知，也不行。"这一话是对前面分开来讲的几样东西的总结。

回答："如果单单有心神，没有石头、手和叩击的力的动作，也没有坚这个东西。"

回答："心神是要离万事万物的相的，坚是相，白也是相。心神是要于相而离相的。"心神如果受外在的相的牵引，就会追求物欲了。心神如果看到这个石头美不胜收，就会产生想得到占有的欲望，这个就是罪恶了。《道德经》中有讲，不贵难得之货。

17. 心神离万物之相

【原文】"离也者天下，故独而正。"

【解释】回答："这个离相，并不单单指的是石头，天下万物无不是如此的。只有我们反求诸己，使得心神于相而离相，不被外物所牵引，心神就可以归于孤寂而归于正。心神归于正，而一身就归于正了。每个人都如此，天下就都归于正了。"

不单单是电子、光子，所有的微观粒子都是如此。如果没有基于电子、光子的显现和研究，就不知道微观世界的实相。但是要看到实相，必须要透过这些表象去领悟实相。

18. 石头记

知一石可以知万石；知一石可以知万物。知一心可以知万心；知一世可以知万世。阳明先生年轻的时候，就对朱熹的格物致知的学说深信不疑，他花了几天几夜去格竹子，期望把竹子给搞明白，然而却病倒了。也许需要反求诸己，把自己的心给搞明白了，石头、竹子也都会明白了。

石头有轻有重，正如微观粒子质量有轻有重；石头有大有小、有不同的颜色、有不同的形状。如果我们不去看石头的时候，石头归于孤寂，没有颜色，如同一个黑洞。

石头有贵有贱，实际并无贵贱，都是由于人的喜好而贵难得之货罢了。

石头有高有低，如同人有高有低。石头呆的地方越高，跌下来就越危险，人也是如此。

飞石不动正如飞鸟之影不动，正如飞矢不动。

如此多样的石头，如何能够用一套理论给统一起来呢？石头就类似于宇宙，如果要统一石头，就好像是爱因斯坦在找大统一理论一样。如何用一套理论来统一坚和白呢？对于手而言，它只能知坚，而不知白为何物；对于眼睛而言，它只能知白，而不知坚为何物。如何能够把两者给统一起来呢？地球表面是多样的、不规则的，如何用一张地图就覆盖所有的区域呢？不同的区域必须要有不同的地图。石头不同的区域是不规则的，如何用一张图就全部覆盖住呢？

第十五章 白 马 论

1. 白马非马

【原文】曰：白马非马，可乎？曰：可。曰：何哉？

曰：马者，所以命形也；白者所以命色也。命色者非命形也。故曰：白马非马。

【解释】问："白马非马，可以这么说吗？"这个白马非马的命题非常有名，我们看看能否破解物理学难题。公孙龙虽然是名家代表，但是也是孔子的弟子来的。

回答："可以的。"有了前面的基础，我们就可以知晓白马非马是可以的。如果我们眼睛不去看马的时候，马是无有颜色的，我们去看的时候，马的颜色一下子就鲜明起来了。白马只是我们大脑之中的影像，并不等于马的实相本身。马的实相本身并无颜色的。同样的道理，光子并不是光的实相本身。光的波动性也不是光的实相本身。我们的心和光的实相共同发生作用，而有了波粒二象性。

问："为什么呢？"

回答："马，这个是代表着马的形体；白，这个是代表着颜色。"公孙龙这么论述还不够深入的。马应该是代表着马的实相，并不是马的形体。马的形体，也是由于眼睛去看而显示出来的。如果离开了观察，马是无大无小、无高无矮、无胖无瘦的外形。正是由于观察，在观察的一瞬间，产生了形体的。正是由于观测的一瞬间，赋予了光子的大小、质量、形状的。观测的一瞬间，并不是光在动，而是心在动。

回答："赋予马颜色、赋予马外形，这是两个不同的东西，所以说白马非马。"这里公孙龙的论述还不够深入的，也不完全正确的，我们展开来进行阐述的。观测马的一瞬间，赋予了马白色；观测马的一瞬间，也赋予了马外形。这两者虽然都是眼睛去观测，但是，也类似于前面关于石头的论述。用手去触摸石头的一瞬间，赋予了石头的坚；用眼睛去看石头的一瞬间，赋予了石头的白。

白马非马，本质上说的应该是白马并不等于马的实相。同样，波粒二象性并不等于粒子的实相。

2. 既然有白马，为什么说非马呢

【原文】曰：有白马不可谓无马也。不可谓无马者，非马也？有白马之非马何也？

【解释】问："有白马总不可以称之为无马吧。"白马只是我们大脑之中的影像罢了，这个影像并不等于马的实相本身。我们眼睛去看白马的时候，产生了白马的这个影像。如果只是影像，的确可以说是无马。

问："既然白马不可以说无马，既然有，这不就是马吗？怎么能说是非马呢？"提问题的这个人估计是被白马非马的命题绕晕了吧，有许多的困惑需要公孙龙解答的。

问："为什么明明有白马，又说不是马呢？怎么能说非马呢？"这不是睁着眼睛说瞎话吗？我们明明观测到有电子、有光子，怎么能够说这个不是电子、不是光子呢？白马是我们看马的实相一瞬间的产物，这个产物是个影像罢了，不能等同于马的实相。光子是我们观测光的实相一瞬间的产物，光子不能等同于光的实相。我们说光阴似箭，岁月如梭。光阴如同白驹过隙，如同白马飞驰而经过缝隙，我们从缝隙里面看一样，转瞬即逝了。假如说，我们用一个超级照相机来观测，也许就可以看到飞马不动了。这台照相机每隔普朗克时间拍摄一张照片，飞马几乎接近于静止了。

我们明明手里拿着石头，感觉到沉甸甸的，砸到脑袋瓜都会感觉到痛，怎么能够说这个宇宙的质量为零呢？标准粒子模型所描述的宇宙质量为零，无法解决质量的缺陷问题，真是不可思议。

3. 假如白马是马会如何

【原文】曰：求马，黄、黑马皆可致；求白马，黄、黑马不可致。使白马乃马也，是所求一也。所求一者，白者不异马也。所求不异，如黄、黑马有可有不可，何也？

【解释】回答："如果要求得马，黄马、黑马都可以的，不一定非得要白马；如果要求得白马，黄马、黑马就不可以了。"

回答："假使白马是马的话，这两个是一个事情来的。既然所求是一个事情，白马不就是马了吗？既然所求都没有什么差异，为何前面却说黄马、黑马有一个是可以，有一个是不可以呢？这是为什么呢？"这一段是纯逻辑的了，公孙龙讲得有道理，句句都没有错，真是有点诡辩的味道了。

白马根本不是马的实相，白马只是幻象而已。电子根本不是电子的实相，电子只是幻象而已。只是由于我们观测电子的一瞬间，就有了电子，当然，电子的实相并不是不存在。

4. 白马、马不能等同

【原文】可与不可，其相非，明。故黄、黑马一也，而可以应有马，而不可以应有白马，是白马之非马，审矣！

【解释】回答："既然前面有讲到求马可以、而求白马不可以，这是完全不同的两个事情，这是很显然的。如此看来，白马和马还是不同的。"

回答："黄马、黑马都是马，都是一样的。针对黄马、黑马来求马，就应该求得到马，而不可以求得到白马。如此一来，白马跟马不同，这是很显然的事情。"白马非马，这是在逻辑里面绕，有点偷换概念的嫌疑。按照公孙龙这个逻辑，白马跟马这两个概念的确是不同的，这也没有错。但是，如果说白马不是马，这就是完全两回事了。

5. 天下无马吗

【原文】曰：以马之有色为非马，天下非有无色之马也。天下无马，可乎？

【解释】问："照你这么说，既然说白马非马，那么黄马非马，黑马非马。只要有色的马就是非马了。"

问："天底下不会长出没有颜色的马。按照这个逻辑，可以说天下无马吗？"而马的实相是没有颜色、没有形状的，然而，我们能够否认马的实相存在吗？对应黑洞而言，我们无法观测到，但是我们能否定它存在吗？我们能够观测到光的波粒二象性，但是我们却观测不到光的实相，难道我们能否定光的实相吗？我们的心和光的实相发生作用，产生了光子。不能绝对地说无，也不能绝对的说有，实相是非有非无的。

6. 白马为马和白，光子为光和子

【原文】曰：马固有色，故有白马。使马无色，如有马而已耳，安取白马？故白者非马也。白马者，马与白也。马与白马也。故曰：白马非马也。

【解释】回答："马必定会有颜色的，所以有白马。"有五颜六色的马，也有五颜六色的石头，有五颜六色的花朵。一缕太阳光没有什么颜色，看似没有什么颜色，可是经过三棱镜，就分出了七色。光没有分出颜色之前，可以称之为光藏。一颗心在喜怒哀乐未发之前，可以称之为中，也可以称之为心藏。发出来就是七情六欲。这些颜色并不是刻意地藏起来，而是人的大脑被蒙蔽了。

回答："假使马没有颜色，只是有马而已，怎么能够求得到白马呢？所以说白马并非马的。"这个逻辑真有点绕，一不小心就容易把人给绕晕了。马的实相本来并无颜色，而是求马的人看马实相的一瞬间而有的颜色。如果不看马，马和心都归于孤寂。如此看来，白马只是我们脑中的幻象而已，马的实相是没有颜色的。白马非马也是对的。

回答："白马，是由马和白二者组合而成的。前面有讲白并不等于马。马是马，白是白。"然而，白能够脱离马而独立存在吗？马这个名字也只是指向马的实相罢了。马这个名字也只是指月的手指而已。之前关于石头的论述也是类似的。白不会脱离马的实相而独立存在，不是依托马，就是依托石头，如此才可以显现出白。不仅仅要依托于外物，还要依托于观察者，依托于心。正所谓皮之不存，毛将焉附。光子，光是光，子是子，光并不等于粒子。光波，光是光，波是波，波并不等于光的实相。爱因斯坦从小幻象自己骑着光马飞驰。在光马上面会看到什么景象呢？会不会出现比光马跑得还要快的东西呢？由此就引出了狭义相对论。白马离不开观测，光马照样离不开观测。光速不变是相对观测者来说不变的。在每一个小宇宙都有自己的时空参照系，观察者需要站在小宇宙内观测就很容易理解一切。

回答："白马是由白和马二者加起来的。马和白马是不同的，所以说白马非马。"

7. 白不能独立而存在

【原文】马未与白为马，白未与马为白。合马与白，复名白马。是相与以不相与为名，未可。故曰：白马非马未可。

【解释】回答："马未必一定要跟白在一起才可以称之为马，白未必一定要跟马在一起才可以称之为白。"马必定会有颜色，不一定是白，也可能是黄、黑等。如果人不去看马的时候，即使是白马也没有任何的颜色的。正是由于人去看马，马的颜色才一下子鲜明起来的。白未必一定要跟马在一起，跟石头在一起也是可以的。但是，白一定是要依托外物而存在的。不仅仅需要依托外物，而且还需要有观测的这个动作，才可以一瞬间显示出来的。光未必一定要跟子在一起才能称之为光。

回答："把马和白合在一起，复名可以称之为白马。"把光和子合在一起，复名可以称之为光子。白马非马，光子非光。白马并非等同于马的实相，光子并非等同于光的实相。人去观测马的实相，才出现了白马；人去观测光的实相，才出现了光子。

回答："复名是两者相与，两者相加，白马不能以马来直接称呼，来直接起名字，这是不可以的。所以说：白马非马，白马不可以等同于马的。"白马不能仅仅称之为马，光子不能仅仅称之为光。这两者是不同的。手指弹琴的一瞬间，就产生了乐曲。眼睛看马的实相的一瞬间，就产生了白马的影像。科学家观测光的一瞬间，就产生了光子。

8. 有白马不能当作有黄马

【原文】以"有白马为有马"，谓有白马为有黄马，可乎？曰：未可。

【解释】问："既然你把有白马当成有马，那么，我说有白马当成有黄马可以吗？"回答："不可以的。"这一句也是很显然的事情。

9. 黄马非马

【原文】曰：以"有马为异有黄马"，是异黄马于马也，是以黄马为非马。以黄马为非马，而以白马为有马，此飞者入池而棺椁异处，此天下之悖言乱辞也。

【解释】回答："既然把有马跟有黄马区别开来，也就是说黄马和马是不同的了。"回答："既然黄马和马不同，那么就是把黄马当成非马了。"

回答："既然说黄马非马，而却说白马为有马。这是很滑稽的事情。这就好比是让飞鸟到池子里面去飞翔，让棺和椁异位一样。这是天底下的笑话来的，有悖于逻辑的。"这里把黄马给请出来，既然说黄马非马，同样可以得出白马非马了。

假如有一个人色盲，他会把黄马看成是白马，这样会如何呢？他会跟正常人争论不休，说那个马是白马。假如这个世界上所有的人都是色盲，突然有一个正常人呢？情况又会如何呢？这个正常人无论如何也无法说服那些色盲的人。要完全领悟相对论和量子理论，需要有两个条件，一个是得道，另一个是有一定的物理学基础。得道的人如同白天天空上的星星一样稀少。如此稀少的人，如何能够说服别人呢？

即使不是色盲，不同的人也许看的黄马，黄色的深浅程度有细微差别。

10. 有马不可以等同于有颜色的马

【原文】曰：有"白马不可谓无马"者，离白之谓也；不离者，有白马不可谓有马也。故所以为有马者，独以马为有马耳，非以白马为有马。故其为有马也，不可以谓"马马"也。

【解释】回答："有白马不可以说无马，这是离白的缘故。"这句话有些绕，需要把离白的意思给解释清楚，才方便理解。前面讲过白马为白和马合起来，如果能够说离白，也就是将白和马分开，就不可以说无马了。这里说离白，是直指马的实相，自然就有马了。白只是眼睛看马的实相的瞬间显示出来罢了。明白了这一点，就是离相了。离白实质是离相。外离相即禅，内不乱即定。如果离相了，透过波粒二象性，就可以看到光的本质了。光的实相并不是粒子，也不是波。

回答："如果不离白，有白马不可以说有马的。"如果说不离白，也就是说不离相。不离相指的是白马的幻象，并不是马的实相，如此白马不可以说有马。人去看马的实相的一瞬间，产生了白马的影像，这个白马影像只是存在于人的大脑中的。如果不离相，有光子不可以说有光的。光子只是人心和光的实相发生作用的产物。

回答："之所以说有马，是因为把马的实相当作马的，并不能把白马这个幻象当作马的。"要破除对马的表象的执着，需要破除两层执着：第一层是名和实的执着，要将两者分开，马有个名字，这个名字是由人给起的，由人赋予的。光子、电子也是人给起的名字。四种力也是人给起的名字。不要被这些名字束缚住了。第二层是破除马的影像和马的实相的执着，这个是离白，离相。这一层在道理上理解相对容易，但是难得的是真正去实证，这就需要得道，也就是明心见性了。如果能够做到这第二层，也就是理解了禅的精髓了。外离相即禅。

回答："所以说有马这个是指的马的实相，这个是没有任何颜色的。白马是人眼睛去看马的实相而产生的。马的实相不可以说就等同于有颜色的各种马，马的实相不能等同于白马，也不能等同于黄马、黑马。"光的实相不是粒子，也不是波动。

11. 白并不一定依附于马

【原文】"白者不定所白"，忘之而可也。白马者，言白定所白也，定所白者，非马也。马者，无去取于色，故黄、黑皆所以应；白马者，有去取于色，黄、黑马皆所以色去，故唯白马独可以应耳。无去者非有去也，故曰"白马非马"。

【解释】回答："白色并不一定要限定于具体一物，可以去掉具体一物就可以了，在另外一物也可以显现。"白可以依托于石头而显现，也可以依托于马而显现。虽然可以换不同的外物，但是必须要依托外物才得以显现。人的眼睛看石头的一瞬间，石头的颜色一下子鲜明起来。人的眼睛看花的一瞬间，花的颜色一下子鲜明起来。人的舌头品尝辣椒的一瞬间，辣味一下子显现出来了。如果离开了人的舌头，也可以放在动物的舌头，也可以显现出辣味来。但辣椒的实相和舌头触碰的一瞬间，才会产生辣味的结果。粒子不一定要限定于光，也可以限定于电子实相而产生电子。波动不一定要限定于光，也可以限定于电子的实相而产生波动性。

回答："白马，白已经限定是跟马结合了，如此限定的，指的是白马在人心中的幻象，并不是马的实相本身。所以说非马。"前面说没有限定，白可以随便结合，产生白天鹅、白石、白马等。这里是限定了。白马连在一起，就指的是白马的幻象了。这个是不是幻象呢？人的眼睛看马的实相的一瞬间，就有了这个白马的影像。这个影像并非马的实相，所以说非马。粒子已经限定于光了，指的光子就是人心中的幻象，并不是光的实相。人观测光的实相的一瞬间而有了光子。所以说光子非光。

回答："马，并不去取什么颜色，所以黄马、黑马都可以相应的。"马的实相是没有什么颜色的。黄马、黑马的实相也是无有什么颜色的。只是人的眼睛看黄马的实相，在一瞬间赋予马黄色罢了。光的实相并无什么颜色，我们说光，白光、黄光和紫光也可以相应的。

回答："白马，这个是取了颜色的。黄马、黑马都是取了颜色的，所以唯独白马可以相应的。"白马取了颜色，这个是人头脑中的影像，并非马的实相。同样道理，黄马、黑马也是人头脑中的影像。所以白马不能等同于黄马、黑马。光子，这个是粒子了。白光子、黄光子和紫光子是不能等同的，频率不同，质量也是不同的。但是，静止质量都为零。

回答："不去取颜色并非等同于有去取颜色。不去取颜色，这个是马的实相；去取颜色这个是白马。白马这个是人心中的幻象，而马是实相。两者是不同的。所以说白马非马。"不去取粒子，这个是光的实相。去取粒子，这个是光子，是在人心中的幻象。人观测光的实相，就创造了光子。不仅白马为幻相，白马王子也是虚幻的。

第十六章　指　物　论

1. 指非指

【原文】物莫非指，而指非指。

【解释】万物莫不有所指，而所指并非为万物的实相。公孙龙这一篇文章一开头就把要点给讲出来了。凭着前面两章和这一句话，已经能够知晓，公孙龙已经是得道的了，已经明心见性了，他已经传承孔子的心法了。

古代有句很有名的话：指月之指非明月。圣人看到月亮，想用手指指给我们看，可是我们顺着手指看过去，什么都看不到。我们就会觉得是不是被骗呢？当然根器可以的人，就不会有任何的怀疑。大多数人由于看不到月亮，所以把手指当成月亮本身了，把这个手指抓得死死的。我们会把白马当成马的实相本身，会把光子当成光的实相本身，会把波粒二象性当成光的实相本身。

指月的手指这个比方适用性很广，语言、文字等也都是指月的手指罢了，并不等于实相本身。数学、物理理论和公式也是指月手指罢了，只是描述宇宙的工具罢了，并不是宇宙实相本身。

2. 天下无指

【原文】天下无指，物无可以谓物。非指者天下，而物可谓指乎？

【解释】天下如果没有所指，物就不可以称之为物了。这句话怎么理解呢？一匹马，如果人眼睛不去看它，它就不会显现什么颜色。如果不去观察，不会有大小和高矮等这些形状的概念。如果不去观察，心不动，马也不会动，即使千里马飞驰而过，也不觉得马在动。正所谓飞矢不动。风不动，幡也不动，仁者心动。如果我们不去观察，光马这匹跑得最快的马都是不动的。既然光子不动，光子质量就为零了。宇宙由光子构成，心不动，宇宙的质量就为零了。一匹马，连名字都是人给起的、无大小、无高矮、无颜色、无动静，如此还可以称之为马吗？所以说，如果无有所指，外物就不能称之为物了，马不能称之为马了。

既然万物都离不开所指，如果没有所指就看不到。如果没有手指，我们也看不到月亮。如果没有语言文字，我们也无法表达对道的理解。如果没有语言文字，我们也无法说马。当然，可以用另外一个字来指向马。《道德经》中讲，唯之与阿相去几何，这也是说的这个意思，要离语言文字相。既然万物都离不开所指，而物就等同于指吗？这两者是不相同的。

波粒二象性是手指，指向光的实相，这两者有指向关系，但是不能说两者是相等的。白石、白马都是人心中的影像而已。人去观测光，才有了光子。光子也仅仅是影像而已。

3. 所指并不等同于万物实相

【原文】指也者，天下之所无也；物也者，天下之所有也。以天下之所有，为天下之所无，未可。

【解释】所指，这个是天下所没有的，也就是说是虚无的。如同镜中花、水中月。比如白马这个是所指，白马是人的眼睛看马的实相，两者共同作用的产物。这个本来是虚幻的。手指去弹琴弦，手指对应于心，琴弦对应于外物实相，而琴声就是所指。所指如梦如幻。白马这个词也是人给起的。

外物，天底下实际存在的东西。白马的实相是无颜色的，只有人的眼睛去看的一瞬间才有颜色。光的实相本身不是粒子，只有人去观测光的时候，才有了光子。外物的实相是存在的，但是白马实相无颜色、无大小、无高矮、无快慢。

把天下有的东西，等同于天下无有的东西，这样是不可以的。天下有的东西是马的实相，天下无有的东西是白马，白马只是存在于人的大脑当中的影像。白马不能等同于马，所以说白马非马。光子为天下无有的东西，电子也是天下无有的东西。但是光子、电子有对应的实相，这个是存在的。只有人去观测光子、电子的实相，就会无中生妙有，就有了光子和电子。

4. 物莫非指

【原文】天下无指，而物不可谓指也。不可谓指者，非指也？非指者，物莫非指也。

【解释】天下无有所指这样的东西存在，而外物的实相不可以称之为所指，两者是不能等同的。白马这个是所指，是指向马的实相。白马和马的实相是不能等同的。

既然说外物实相不能等同于所指，难道不需要所指吗？

如果没有所指，外物的实相根本就无法知晓。外物的实相必须要借助所指而显现出来。外物实相为阴，而外物所指为阳。语言文字虽然是所指，虽然不能等同于实相，但是还是离不开的。经典也是由文字组成的，也是指月之指，如果没有指月之指，我们也很难知晓道为何物，也很难知晓真理。所指只是过河的工具罢了，如果过了河，就没有必要背着船了。

虽然说数学、物理理论和公式，只是所指，但是如果离开所指，离开这些工具，我们无法去很好地描述宇宙的运行。

5. 非有非指

【原文】天下无指而物不可谓指者，非有非指也。非有非指者，物莫非指也。物莫非指者，而指非指也。

【解释】天下无指。天下无所指，所指都是虚妄不实的。白马为所指，然而，这个所指却是虚妄不实的。人的眼睛去看马的实相，光波照在马的实相上反射到了人的眼睛里，人的眼睛接收到了光波，就有了白马的这个影像。而白马的实相是无颜色的。白马实则是镜中花，水中月。

而物不可谓指者。所指虚妄不实，外物的实相不可以称之为所指。外物的实相是实相，而所指是所指。正如手指是手指，月亮是月亮。如果没有手指也不行，那我们根本不知道有月亮。如果没有佛典，我们千古不知道有无上正等正觉。但是，佛典并不等于无上正等正觉。无上正等正觉需要自己去做实验，去证得。光子是光子，光是光；光子对应于白马，而光的实相对应于马的实相。

非有非指也。并非真的有，真的存在；也并非都是所指。马，我们眼中的飞奔驰骋的千里马，果真是如同我们所看到的那样吗？我们听到战马的嘶鸣声，看到战马在战场驰骋，看到战马一身雪白，这些都是实有的吗？并非真的实有的。马的实相不是如此的，马的实相没有什么颜色、没有大小、没有高矮、没有快慢。飞矢都不动，千里马何尝动呢？千里马不动，光马也不动的，连光都不动，那么世界万物还有动的吗？马的实相是和万物为一体的，连名字都没有。马的实相也不能说没有任何东西。白马幻象可以说是所指，但是所指并不是实有的，而是幻象。这个指向马的实相。

非有非指者，物莫非指也。不能说外物实有，也不能说外物的实相都等于所指。外物的实相、外物的所指，两者还是不能等同的。

物莫非指者，而指非指也。我们眼中的外物，无不是所指。我们看到的飞驰的骏马，看到美丽的石头，这些都是所指。我们看到的都是幻象。然而，所指并非所指的实相本身，这两者是不同的。

6. 白马名字不等于白马

【原文】天下无指者，生于物之各有名，不为指也。不为指而谓之指，是兼不为指。以有不为指之无不为指，未可。

【解释】天下无指者，生于物之各有名，不为指也。前面已经讲过了，天下无所指，所指都是虚妄不实在的。我们所看到的都是表象的世界。叔本华写了一本《作为意志和表象的世界》，这里所讲的内容跟此书也是相通的。意志对应于马的实相，表象对应于白马，这个白马只是幻象罢了。虽然这个所指是虚妄不实的，但是不能说不存在，能够说白马不存在吗？我们明明看到活蹦乱跳的白马。白马这个所指，生于白马的实相。万物都是如此，各有名字，但是，指的不仅仅包含了名字。名可名，名代表着所有表象，也即是古人所讲的相。

不为指而谓之指，是兼不为指。白马和马这些名字，不可以就当作万物之指。白马这个名字也是对应于白马这个幻象的。这个也不能够称之为指的。公孙龙这里说的，真正的指物就是我们眼中的幻象。白马就是公孙龙的指，而不是白马这个名字。我们去看马的实相，就有了白马的幻象，这个就是所指。光子只是个名字，对应于我们眼中的光子；而我们眼中的光子也只是幻象罢了，这个才是真正的所指，指向了光的实相。请注意，这里有两层对应关系的。这里让我们想到了庄子关于影子的比喻。影子周围有一个光圈，光圈会随着影子而动；光圈抱怨影子，而影子也同样有苦衷。影子说，身体站，我也得跟着站；身体坐，我也得跟着坐。然而，身体也有苦衷，大脑叫它干啥，它就干啥。大脑就是主宰吗？大脑就等同于心了吗？实则不然，大脑、五脏六腑合和而生心。中医有讲，心藏神，肝肺魂魄。大脑还不是真正的主人，而是我们的心。然而，我们的心就是主人了吗？我们需要恢复本心，这个才是我们真正的主人。

以有不为指之无不为指，未可。如果把不可以为指的名字当成了所指，这个是不可以的。如果把白马这个名字当成了白马的幻象本身，这个也是不可以的。白马的名字不等于马。如果把光子的名字当成了光子的幻象本身，也是不可以的。我们看到这里，可以知晓，公孙龙反反复复已经把这个名相讲得很彻底了。

7. 天下所兼

【原文】且指者，天下之所兼。

【解释】且所指，虽然是指向外物的实相，也有名字指向所指的。所以说指，是兼而有之的。举例来说，白马这个名字对应于白马这个幻象。人的眼睛看到白马的实相，一瞬间就产生了白马的幻象。然而，白马的幻象又对应于马的实相。

或者说一个外物有两个不同的名字，也可以说是兼。汉字中讲道，英文中也有一个 Tao，这两个都是指向同样一个东西的。

或者说互相为指向。白马名字指向白马幻象，白马幻象指向白马实相。互相指向，可以称之为兼。光子名字指向光子幻象，光子幻象指向光子实相。

8. 不可谓无指

【原文】天下无指者，物不可谓无指也。不可谓无指者，非有非指也。

【解释】天下无指者，物不可谓无指也。虽然说所指不存在，但是，也不是绝对的不存在的。万事万物都是人眼中的幻象，我们所看到的这个世界，也似乎真真实实存在一样。也不能说绝对的无。人的眼睛去看马的实相，一瞬间就会赋予马的颜色。世人眼中的外物即是幻象，不可以说无所指。

不可谓无指者。所以说不可以说无所指。不是绝对的有，也不是绝对的无。我们说光子是所指，如果说光子实在的有，这个也是不对的。人的眼睛去观测光的实相的一瞬间，就有了光子。所以说，光子实有，这也是不对的。如果说光子绝对的无，这也是不对的，明明我们观测中都有，理论计算也是有的。

非有非指也。前面已经解释过非有非指，我们就不在这里展开了。

9. 指与物

【原文】非有非指者，物莫非指，指，非非指也；指与物，非指也。

【解释】非有非指者。什么是非有非指呢？这些话好绕，很容易把人给绕晕了。先看非指是什么？公孙龙担心大家把所指当成实相本身，所以就在所指前面加一个"非"来否定了。但是，果真能够完全否定掉这个所指吗？这个所指绝对没有吗？这个所指一点用处都没有吗？难道这个所指要完全去掉吗？所以，公孙龙在前面加了一个非有来说明，并不是有非指这个东西，把所指去掉了。难道还有去所指这个东西吗？这个也不能执着的。

物莫非指。外物莫不是所指，外物莫不是幻象来的。我们所见的外物如同白马、白石，莫不是所指的幻象。我们所看到的这个世界，就好比是在电脑游戏当中一样。游戏当中的人物，走到一个地方，那个地方的景色才显现出来，否则，事先都把所有的景色都显现出来，也很浪费计算机资源。我们何尝不是呢？假使我们骑着千里马飞驰在路上的时候，沿路的风景并不是事先全部展示出来的，我们看到的时候，眼睛和风景发生作用一瞬间，才显现出来颜色等信息的。即使白马在我们身边，我们去看马的一瞬间，白马的颜色才一下子鲜明起来的。爱因斯坦骑上光马也是如此。

指，非非指也；怎么解释指，非非指呢？感觉这些词好绕，难怪会说公孙龙诡辩了。非指可以说是让大家摆脱所指的束缚，看到所指的实相。前面再加一个"非"字，就是说不要被非指所束缚了。所指也并不是绝对的不存在。完全否定这个所指也是不对的，完全否定指月的手指也是不能看到月亮的。所以说非非指。我们否定了光子的实在，但是，如果没有光子的描述，我们也看不到光的实相。

指与物，非指也。所指与物的实相是对应的，所指是指向于物的实相的。但是，不要把所指当成物的实相本身。马的名字跟白马的幻象对应；马的名字跟马的实相对应。白马的名字不等于白马的幻象；白马的幻象不等于马的实相。马的幻象必定有一定的颜色，不是白马，就是黄马、黑马等。光子这个名字对应于光的幻象，这个幻象是人去观测光的实相，一瞬间而产生的。光这个名字对应于光子的实相。

10. 天下无物

【原文】使天下无物指，谁径谓非指？天下无物，谁径谓指？

【解释】使天下无物指，谁径谓非指？公孙龙所讲，逻辑还是非常连贯的。前面讲指和物的对应，不能把指当成物的实相本身，这里就开始讲如果天下没有物，也没有指那会如何。谁敢说非指呢？谁敢完全否认指的作用呢？如果天下无所指，天下就无物了。我们眼中的白马、白石，这些都是所指，都不是马、石的实相。

　　天下无物，谁径谓指？假使天下无物的实相，谁敢说有所指呢？如果天下无物，天下也就无所指了。如果天下没有万物的实相，所指指向哪里呢？所指是依附在物的实相而存在的。皮之不存，毛将焉附呢？正如白马这个幻象为所指，白马的实相假如都不存在了，白马的幻象如何存在呢？

　　如果我们的眼睛不去看白马，白马为所指，归于虚空；马的实相归于寂然；我们的心也归于寂然。如果我们的眼睛去看马的实相的时候，马的颜色一下子就鲜明起来了。

11. 天下有指

　　【原文】 天下有指，无物指，谁径谓非指？径谓无物非指？

　　【解释】 天下有指，无物指。假如天下有所指，而无物的实相，指也就无所指了。·需要有指，也要有物的实相，如此才可以施行指。如果光有手指，没有月亮的实相，有手指也没有用。如果光有手指，没有琴，也是没有用的，弹奏不出雅正的乐曲。

　　谁径谓非指？谁敢完全的说非指吗？完全的否定手指吗？前面否定物的实相都不行。所指也是很重要的，如果没有手指，我们怎么看得到月亮呢？如果没有佛经，我们如何找到渡河的迷津呢？如果没有量子理论，我们怎么去测算量子运行的规律呢？但是，我们也不要被量子理论所束缚住，把量子理论当成了量子的实相。我们只能通过理论去描述量子世界如何，我们只能通过测量量子如何，我们无法知晓量子的实相如何。

　　径谓无物非指？谁敢说无物所以非指吗？虽然心外无物，心外无理。外物的实相需要借助人的眼睛才能够显现出来。但是并不能说完全无物，还是有物的，只是没有名字、没有颜色、没有大小、没有动静、没有速度。不能由于心外无物，而否定了所指的作用。白马、白石、光子、电子、中微子、希格斯粒子等这些都是所指的，这些也都是属于我们眼中的万物。

12. 自为非指

　　【原文】 且夫指固自为非指，奚待于物，而乃与为指？

　　【解释】 且夫指固自为非指。前面一句说了，天下有指，又担心误解以为真的有指，所以这里马上澄清说无指。公孙龙反复推敲，就是为了让世人离相来寻求实相。指固然自己就会为非指，为无指，不要人刻意去参与。所指如同镜中花，水中月一样，自然就是虚幻的，并不是人去刻意定义为虚幻。光子、电子也是如同虚幻一样，只有人去观测的时候，才创造出光子、电子的理论。

奚待于物，而乃与为指？指本来可以不用起这个名字叫作指，之所以起了名字叫指，正是由于它能够指物，把物的实相给指出来。所以说难道必然要待有物可指的时候，才可以给它起名叫指吗？我们惯性的思维，把手指给起了指的名字；脚趾的主要功能是站立，就不叫指了。难道不能把脚趾，改成叫指吗？同样的道理，光子这个名字可以和电子这个名字互换的。但是，量子理论就不能用在相对论的领域了，不能用在宇观世界；相对论也不能用在量子理论的领域，不能用在微观世界。正如一个国家的地图不能完完本本地覆盖另外一个国家的地图一样，不同区域需要不同的地图描述。宇宙不同的部分，需要有不同的理论进行描述。如果要用一个单一的公式来统一宇宙，如此是行不通的。这样找大统一理论是徒劳的。如果把心和物切分开来，起点都错了，更是无法统一了。

第十七章 名 实 论

1. 天地所产

【原文】天地与其所产焉，物也。

【解释】天地互为阴阳，所衍生出来的都可以称之为物。天地自己也是被称之为物的。天地为有形的父母，而父母为无形的天地。

天地万物为一体，电子、光子等基本粒子也与万物为一体。

我们去观测电子的时候，电子才诞生了。人心去观测有一定的精度，最小时间为普朗克时间，最小空间为普朗克空间。人去观测的时候，电子才成为粒子。人用波动的方式去测量，电子才成为物质波。

森林里大风吹大树中的万种孔窍，而产生了万种声音。万种孔窍对应着万物的实相；万种声音实则是万物的影像，这也就是我们眼中的万物。万种粒子对应着万种声音，万种粒子谱写美妙的粒子乐章。

2. 物其所物

【原文】物以物其所物而不过焉，实也。

【解释】前面讲什么是物，这里讲物的实相。

每一个物都有名字，这个不是物的实相。每一个物都是视觉影像，这个也只是影像，这个不是物的实相。需要透过物的这些名相指向物的实相。

物，只需要各自成为各自的本然，各自为物，不加一丝一毫是非，不加一丝一毫的人为的判断，就是实相了。正所谓一物一是非，一物一世界，一物一太极。每一物的实相都是寂然的。只是有人去观测，而且这个人的内心会影响，而产生了贵贱、大小、轻重、高矮、黑白等信息。如果加了人的观测进去，物就不能称之为物了，就已经过了。这样就会产生干扰了。就像我们去观测微观的粒子，加进了观测，就加进了是非，加进了干扰，就不是实相了。

3. 实其所实

【原文】实以实其所实，而不旷焉，位也。

【解释】大的木头取来可以担当栋梁的重任；细木取来可以任用为筷子。如果不过，可以称之为实，名需要符合实。

对于能够胜任筷子之任的木头，就当筷子；对于能够胜任栋梁的，就当栋梁。而不会不匹配，如此称之为位。位为尊卑的秩序，贵贱存乎位。量子理论不能用在宇观世界；而相对论不能用于微观世界。

实以实其所实，而不旷焉，位也。我们把物安放在该放的地方，使得位置不空着，使得万物各得其所，如此就可以称之为位。

这个位，需要站在万物各自的位上来观察、考虑才可以理解。人也要换位思考，站在各自的角度去思考。要当栋梁，就要站在栋梁的位上去考虑，就必须要选择大的木材了；要当筷子，就要站在筷子的位上去考虑，就必须要选择细的木材，即使大的木头也要切分细了才可以用。

如果我们要观测微观世界，我们需要站在微观世界的位置上去，如此观测就不会觉得不可思议了。量子理论是站在宏观世界的位上，观测微观世界，如此就是过了，就会有测不准原理，如此就不可思议了。相对论是站在宏观世界的位上，观测宇观世界，如此也是过了，就会有空间弯曲、时间变慢等不可思议的事情发生了。爱因斯坦年轻时想象自己骑着光马旅行，如此就是站在了光的位上去考虑，就创造出了狭义相对论了。

4. 出其所位

【原文】出其所位，非位。

【解释】如果栋梁之材拿来做筷子；筷子之材拿来做栋梁，这个都是非位的，都不是各自该待的位。

如果用一个国家的地图来用在另外一个国家，也是非位的。

如果用量子理论来描述宏观世界、宇观世界，也是非位的。

如果用相对论来描述微观世界、宏观世界，也是非位的。

一物都有一位，需要站在物的角度去观察物。一物都有自己的时空参照系的。

阴有阴位，阳有阳位。阴在阳位，为非位；阳在阴位，也为非位。

男为阳，位主外，位主刚；女为阴，位主内，位主柔。

蛋黄为地，位主中；蛋清为天，位主四周。古人讲，蛋黄非位，人心就太多欲了，世界就危险了。如今世界许多女总统，也是阴阳易位了。

5. 位其所位

【原文】位其所位焉，正也。

【解释】万物要站在各自对的位上，如此就可以称之为正了，也就是归于正位了。万物本身各自都在各自的位上，只是人心越位了而已，万物自然就是各得其所的。各物在各自的位上，看到的都不同，如何统一呢？如何建立大统一理论呢？

6. 疑其所正

【原文】以其所正，正其所不正；以其所不正，疑其所正。

【解释】以其所正，正其所不正。如果站在正位上去，就可以纠正不正的了。如果我们站在量子的角度去看量子世界，就会纠正不正的了。我们缩小钻入原子内部，量子理论就不适用了。

以其所不正，疑其所正。如果自己不在正位，反而怀疑别人是不正的，自己是正的。一个色盲的人看白马，假如看成了黄马；如此色盲的人所在的位不正。然而，假如这个世界上，只有一个人不是色盲，其他人都是色盲的，又会是怎么样的一种情形呢？这个世界上，所有的人都站在不正的位上去看量子世界，并没有站在微观世界的位上去观测，正的也就成了不正的了。请注意了，这里讲怀疑。要完全破解物理学难题，不仅仅是外在的实验，还需要我们内心去实证的。内心的实证，是站在自己的位上去考虑，去观察，这个是每个人的正位。但是各自所看到的，所观测到的又不同，如此即使把大统一理论放在面前，也会产生怀疑的。

7. 正其名

【原文】其"正"者，正其所实也；正其所实者，正其名也。

【解释】其"正"者，正其所实也。这里所说的正，是正确的物放在正确的位上，这个就是实了。也只有站在正确的位上看才认为是正确的。比如把能够做栋梁的木头放在栋梁的位上；能够做筷子的木头放在筷子的位上。站在筷子上看栋梁，就会觉得，这么大的木头，该可以做多少的筷子，真是不可思议的。

正其所实者，正其名也。把正确的物放在正确的位上，这个也是正其所实。栋梁、筷子这个是名。白马、白石、光子、电子、中微子、希格斯粒子这些都是名。名实要互相对应。白马这个名字对应于人眼中的幻象。马这个名字对应于马的实相。物有所指，所以才能称之为指。我们不能把脚改为脚"指"，因为脚的主要功能不是指，而手指才是指。万物需要正名，名正言才顺。

8. 彼此之名

【原文】其名正，则唯乎其彼此焉。

【解释】名正了以后，彼就是彼，此就是此了。起名字只是为了区分罢了。当然彼的名也可以应在此上，此的名也可以应在彼上。这个就是离名。这就打破了大脑的惯性，习惯性地把名字等同于实了。

名对应于指月的手指，这个手指不仅仅可以指向彼月亮，也可以指向此太阳。电子、中子的名字可以彼此互换，这也不影响使用。

9. 彼谓不行

【原文】彼而彼不唯乎彼，则彼谓不行；

【解释】名实要互相对应上。如果不对应上，呼彼而彼不站在彼的位相应，那么彼不行。

量子理论为彼，而相对论为此。量子理论的理论计算要和实验测量保持一致。实验测量离不开观测，所以量子理论也是离不开观测者的，也就是说离不开我们的心。呼彼，就是要用量子理论了，就要对应于量子世界，这就行得通了。如果用了相对论，这就行不通了。

10. 此谓不行

【原文】谓此而此不唯乎此，则此谓不行。

【解释】这句话跟上面那一句是连贯的。在此施行命令，如果不适当，名不符实，此命也不得行。同样地，把相对论用在微观世界不行；把量子理论用在宇观世界也不行。

11. 不当而当

【原文】其以当，不当也；不当而当，乱也。

【解释】其以当，不当也。以为名实能够相当，能够相应，实则不当的，不能相应。我们会以为所看到的白马就是马的实相，实际上不相应的、不当的。我们会习惯性的以自我为中心，实则是不当的、不相应的。以前人们习惯性以地球为中心，虽然说不当，但是已经纠正过来了。以自我为中心这个对我的执着，这个不当，要纠正更加艰难。

不当而当，乱也。如果名实不能相符，不能担任栋梁的木材放在栋梁之位，就会乱了。我们的心为君主之官，该居于主宰的位置。如果心被外物牵着走，被五官牵着走，就是不在其位了。五官不能当君主，不能越俎代庖，这样就乱了。如果以粒子的测量方式去测量电子，电子就是粒子；如果以波动的测量方式去测量电子，电子就是物质波。电子具有波粒二象性，但是，波粒二象性并不代表着电子的实相。用粒子、波动来描述电子还不足以描述清楚，有些人却妄想用超弦理论来描述清楚宇宙的实相，这个是不可能的事情，这只能是乱了。

12. 以当而当

【原文】故彼彼当乎彼，则唯乎彼，其谓行彼；此此当乎此，则唯乎此，其谓行此。其以当而当也，以当而当，正也。

【解释】前面说是彼此不当的时候，自然是不行，这里是说相当的时候，就行了。

故彼彼当乎彼，则唯乎彼，其谓行彼。所以说，彼的名实相当，就能够与彼对应了，在彼就可行了。量子理论与量子世界相当，而且是从宏观世界的位观测微观世界，如此就可行了。如果位不对也不行，从原子内部去观测微观世界，量子理论就不正确了。

此此当乎此，则唯乎此，其谓行此。这一句跟上面那一句也是相应的，前面讲彼，这里讲此。彼此互为阴阳。

其以当而当也。能够担当栋梁之材的就放在栋梁的位上，就可以当了。白马的名字对应于白马的幻象。马的名字对应于马的实相。这些都是一一对应的。

以当而当，正也。如果能够把能够当的物放在恰当的位上，这就正了。人才要放在恰当的位上可称之为当。一物一世界，也要站在各物自己的位上去才可以理解。否则也是不正的。相对论要像爱因斯坦那样骑在光马上才可以理解的。

13. 彼止于彼

【原文】故彼彼止于彼，此此止于此，可。

【解释】故彼彼止于彼。所以彼名止于彼实。量子理论就专门止步于量子世界，不要管那么多宏观的事，这样井水不犯河水就可以了。每个东西都有每个东西的适用范围。还要站在对的位上面去观测，如果是站在微观世界去观测，这样来使用量子理论，这样也不对了。

此此止于此，可。此名止于此实。两者都做到井水不犯河水，这样就可以了。用手去触摸石头，就可以得到坚；用眼睛去看石头，就可以得到白。两个感知的渠道，各自在各自的维度，互相不混淆，止步于各自的范畴，这样就可以了。对于我们观测到的这个世界，也都是一个指世界来的，并不是实相。我们在这个现象界，就止于此就可以了。光子、电子、中微子等这些，研究得不亦乐乎，也是各得其乐来的。

14. 彼名此实

【原文】彼此而彼且此，此彼而此且彼，不可。

【解释】彼此而彼且此。如果把彼名滥于此实，而还说彼名就是此实，这就不可以了。彼名对应于彼实，还不能说彼名就是彼实，更何况交换了呢？张冠李戴倒是可以原谅了，如果把张的帽子就当成李这个活生生的人了，这样就错得远了。

此彼而此且彼，不可。如果把此名滥于彼实，而还说此名就是彼实，也是不可以的。

15. 知此非此

【原文】夫名实,谓也。知此之非此也,知此之不在此也,则不谓也。

【解释】夫名实,谓也。名实,往往被人们看作是等同的了。白马的名对应于白马的幻象。人眼睛看马的实相,而产生了白马的幻象。这个幻象真的太真实了,人们都以为这个就是真的了。白马的幻象并不等于白马的实相的。白马的实相是没有任何颜色的。

知此之非此也。知此并非就是此的,并不是实在的。知白马并非就是白马的,只是幻象而已。知光子并不是实在的,只是由于人去观测光而有了光子。知指之非指,手指虽然指着月亮,但是不执着于手指,还要看到手指和月亮是两个东西。

知此之不在此也,则不谓也。知此并不在于此,知白马并不存在于此的,而是人眼睛去看白马,才有了白马的幻象在于此。这样名和实就分离了,这就是离相了。公孙龙反反复复地说,就是为了说明白这个东西。但是这个东西太顽固了,不好讲明白。外离相即禅,如果能够打破这个东西,就进入禅境了。公孙龙这个也是直指人心呀!

16. 知彼非彼

【原文】知彼之非彼也,知彼之不在彼也,则不谓也。

【解释】前面讲知此,这里讲知彼。为什么公孙龙反复地讲彼此呢?孙子也讲,知己知彼,百战不殆。关键还是要站在此的位,才能知此;站在彼的位,才能知彼。地心说完全错了吗?近期科学家做实验,说明地心说并不完全错。霍金也讲,地心说和日心说都没有错。一物一太极,一物都是一个小宇宙,一物都是一个参照系。地球这么大,也是一物,站在地球的角度来观测宇宙,以地球为中心,这个也是没有错的。但是,如果执着于地球就是宇宙的中心,那就是错的了。同样的,我们可以站在月球的角度来观测宇宙,如此就是以月球为中心,月心说也是对的。

知彼之非彼也。知彼在于能够非彼。非彼是不能执着于有彼,也不能执着于绝对的没有彼。不能落于空,也不能落于有。知白马非马,也知白石非石,也知光子非子。白马只是幻象,白石也只是幻象。光子也只是人观测光子的产物,光的实相并非是粒子。

知彼之不在彼也，则不谓也。如果能够知彼不在于彼，就可以说离相了。测不准原理讲，知量子的位置，就不能知量子的速度；知量子的速度，就不能知量子的位置。观测到了光的粒子性，就不能观测到光的波动性；观测到光的波动性，就不能观测到光的粒子性。

17. 古之明王

【原文】 至矣哉！古之明王。审其名实，慎其所谓。至矣哉！古之明王。

【解释】 至矣哉！古之明王。名实的论说，公孙龙可能更多的是讲如何治国安民的。这里只是借来阐释物理学的。最后这一句就离不开国事了。王道真是至大至广啊，至于至善了。特别是古代的明王，古代如同尧舜这样的圣王。明王不是光有名，而是要符合于实的。之所以称之为明王，首先这个明王需要发明自己本有的明德，已经修好了自己，恢复了大爱的本心。不仅仅如此，还要去发明百姓本有的明德，还要去恩泽百姓。如此就可以有了明王之实了。

审其名实，慎其所谓。圣人对于名实是很慎重的。请注意，这里的名不单单指名字，而是指外在的名相。名并非事物的实相，但是事物如果无名，就无以说明的。名如果离开了事物的实相，也没有什么意义的。所以说名是因为实而立的，白马的幻象也是因为有马的实相而立的。光子的幻象也是因为有光的实相而立的。

至矣哉！古之明王。古代的明王向来注重名实相符的。有一州之才，就委托一州，称之为知州；有一县之才，就委托一县，称之为知县。如此就相当了，就不会乱了。量子理论有微观之才，就应用于微观世界；相对论有宇观之才，就应用于宇观世界。心为君主之官，此心也是自古以来的明王。此心光明，为君主之官。此心止于至善。如果能够恢复我们的本心，物理学不学而明了，物理学不统一而统一了。

第十八章　通　变　论

1. 二物相合

【原文】曰："二有一乎？"曰："二无一。"

【解释】问："二物相合在一起，其中还有一物可分而看到吗？"
回答："既然已经相合了，就不可在其中看到了。"
黄河和长江互为阴阳，本来是两条江河，如果分开来看是二。但是，假如我们回归到源头来看，那么，它都是从一个地方流出来的水流。这样就很难分出彼此了。
宇宙演化，而分出了四种力，而这四种力也只是人们为了描述方便而进行人为的划分。电磁力和弱相互作用力已经被科学家证明是等效的了，这里称之为阴力。万有引力和核力也应该是等效的，这里称之为阳力。阴力和阳力互为阴阳，正如长江黄河互为阴阳。阴力和阳力回归源头，宇宙诞生之初，分不出彼此，不统一而统一了。
阴阳为二，合在一起，就分不出哪个是阴，哪个是阳了。阴中有阳，阳中有阴了。白和马为两个事物，如果合起来是白马，这个是有颜色的马了，这个只能是人眼中的幻象，要分出来单独的白，单独的马，这个是不可以了。
这里也就呼应了此篇的名字了，通变论。二可以变为一，一可以分而为二。量子理论和相对论统一而为一。在大道至简中，就分不出彼此了。量子理论也是人为创造来描述量子运行的理论罢了。

2. 无左无右

【原文】曰："二有右乎？"曰："二无右。"曰："二有左乎？"曰："二无左。"

【解释】问:"二物相合之后,有右边吗?"回答:"没有右边。"

左右都是相对的,已经变成一物了,就无左右了。我们在大海上航行,很难知道什么方向,右边到底是哪一边呢?这个是很难清楚的。假如在我们家周围的小区,某条路的右边是什么,这个是可以清楚的。

问:"二物相合,有无左边呢?"回答:"没有左边的。"同样的道理,也是没有左边的。虽然在微观粒子里面,我们给粒子起了各种名字。里面有用颜色来表明粒子,也有用上下左右来表明粒子,给粒子起名字,比如上夸克,下夸克等,这只是一种区分的方式罢了。如同镜子一样,如果我们把镜子里面当成正的,外面的就是反的。把镜子里面当成反的,外面的就是正的。

左右这是代表空间,如果说无左无右,这个是破除对空间的执着的。我们说电子有左旋和右旋,并不是电子本来就存在左旋和右旋,而是观测的一刻产生的。

3. 无一无二

【原文】曰:"右可谓二乎?"曰:"不可。"曰:"左可谓二乎?"曰:"不可。"

【解释】问:"既然合二物为一了,右边那个可以称之为二吗?"回答:"不可以。"如果仅仅是讲两个东西合在一起,来进行标号。把右边那个标识为二也可以,标识为一也是可以的。数字也只是指月之指罢了。

问:"左边那个是二了?这样总可以了吧?"回答:"也不可以。"

这里打破对数字,对数学的执着。数学的本质也只是描述宇宙的工具罢了。在《易经》当中,有象、数、术;其中象类似于我们这里说的名,也就是表象,相。白马这个也是我们眼中的相;光子、电子也是我们眼中的相。数是数理规律,八卦当中也有这些规律,可以说八卦是宇宙的模型,不仅仅可以作为标准粒子模型。术为方术,如果通了阴阳推移变化之道,就可以用方术了,就可以趋吉避祸了。

数学的进制也是相通的,二进制、八进制、十进制等都是可以使用的。也许人类有十个手指,所以最常用的就是十进制。如果人类有八个手指,最常用的就是八进制了。数制也是可以变化的。

量子理论和相对论中使用的数学工具,也仅仅是描述的工具罢了,也只是属于名,需要离名相的。

4. 左右为二

【原文】曰："左与右可谓二乎？"曰："可。"

【解释】问："左和右可以称之为二了吗？"
回答："可以的。"左右互为阴阳，阴阳加起来可以称之为二。左右是相对的，左可以异为右，右可以异为左。有些地方的汽车是靠左开，有些地方的汽车是靠右边开。

互相纠缠的一对电子，一个左旋，一个右旋。这个左右只是为了区分相互之间不同的状态而定义的。左旋电子可以改为右旋电子，左右只是相对的罢了。

5. 变非不变

【原文】曰："谓变非不变，可乎？"曰："可。"

【解释】问："万物都有迁变之道，都是在变的，并非不变的，可以这么说吗？"
回答："可以的。"
一不可以称之为二，二也不可称之为一。但是一可以变成二，二也可以变成一。

一变成二。道生一，一生二，二生三，三生万物。一可以变成二，二就是阴阳，一就是太极。二是长短、大小、高矮、善恶等。长江黄河的源头为一，分化出了互为阴阳的长江和黄河。力本来为一，分为阴阳，再分为四仪，对应于四种力。

6. 右易为左

【原文】曰："右有与，可谓变乎？"曰："可。"

【解释】问："假如右移动到了左边，可以说是变了吗？"
回答："可以的。"
这里只是举例来说明阴阳推移变化的。在古代，吉事尚左，凶事尚右。在日常的事务当中，以左为尊，以右为卑，以左为上，君子尚左。但是在丧事、军事上，以右为尊，右将军就要比左将军大。兵马俑的发束方向朝右，表明古代秦国尚武。

左右的推移，也是阴阳的推移，也是吉凶的推移。

如果为善，可以易祸为福；如果为恶，可以易福为祸。左右之间有无穷层次，正如贫富之间有无穷层次。

7. 一物变一物

【原文】曰："变只？"曰："右。"

【解释】这一问一答，真是太简单了，就这么一两个字，怎么去解释呢？这个公孙龙怎么不多说两个字，让我们猜得那么辛苦。

问："只是变吗？有无变加多一个呢？也就是说可以说一变成二吗？"

回答："只是右变成左的，右移动到了左。"比如庄子里面有讲鲲鹏这两个动物，一个在海里游，一个在天上飞，都非常的巨大。鲲鹏看似两个动物，但是并非同时为两个，而是一物化为一物，一物变为一物罢了。庄子讲，右臂变雄鸡，就用来指晓。天地也为一个大熔炉，可变出人身，可变出光子，电子。

天地万物为一体，不管如何变，都是一个的。科学家为了研究方便，对科学进行分科研究，可是终究还是一个的。量子理论为从宏观世界观测微观世界的产物；相对论为从宏观世界观测宇观世界的产物。如果没有人为切分和观测，物理学本来就是统一的，而不是切分为二的。对于微观粒子，也许有很多种状态，实则都是一个粒子。只是由于去观测粒子的时候，刚好可产生并看到某一状态罢了，并不是有多个不同的粒子。

大海变成波浪，波浪变成浪花，浪花变成水珠，水珠变成蒸气，蒸气变成云朵。虽然看似变化很多，但都是一个东西。

宇宙演化的过程创造了四种力，这四种力也只是为了研究方便进行人为的划分罢了。有四种力就可以把宇宙的规律描述清楚了，这太神奇了。丝毫不用觉得奇怪，数学中的四色问题，用四种不同的颜色就可以把地球上的地图全部描述清楚了。不同的国家有不同的颜色。

一缕太阳光经过三棱镜可以分出七色光，虽然这样变化，可是还是一个东西；一颗心遇见外境而分出七情六欲，虽然这样变化，可是本心自性未尝有任何变化的，也是一个东西。

8. 变亦不变

【原文】曰："右苟变，安可谓右?"曰："苟不变，安可谓变?"

【解释】问："右假如变为左，右已经移去左边了，怎么还可以称之为右呢?"鲲已经变成鹏了，怎么还可以称之为鲲呢?

问："前面是说变，这里说是不变。假如不变，怎么可以称之为变呢?"不是说，万变不离其宗吗? 大海中水的变化，即使再怎么变化，还是水的。我们的心再怎么变化，本心都是不变的。所以说变中有不变，无常中有常。变和不变互为阴阳，阴中有阳，阳中有阴。

在相对论当中，不同的参照系光速是不变的，这个是在观测者眼中不变。虽然有许多的变化，这个是不变的。随着速度逐渐接近光速，时间是变慢的，质量是变大的，长度是变短的。

9. 羊合牛非马

【原文】曰："二苟无左，又无右，二者左与右奈何?"
曰："羊合牛非马。牛合羊非鸡。"

【解释】问："二物相合，既无左，也无右，二者当中左右怎么了呢?"这里公孙龙讲无左无右并非真正的绝对的无，而是要世人摆脱左右的束缚。左右这个方向是人给起的，东南西北这个也是人给起的。假如我们在茫茫的大海上，没有指南针，我们如何知道是在南，还是在北。如何知道东南西北呢?

回答："假如羊和牛合在一起，共成一物。假如羊在左边，牛在右边，不可以称之为羊，也不可以称之为牛，更不能称之为马。"科学家已经把电磁力和弱相互作用力统一起来了。既不能称之为电磁力，也不能称之为弱相互作用力。如果要建立一个理论，把量子理论和相对论统一，既不能用量子理论把相对论给统一了，也不能用相对论把量子理论给统一了。

回答："羊合牛在一起并不能称之为马，牛合羊在一起，并不能称之为鸡。"前面是羊在左，牛在右；这里是牛在左，羊在右。由左变成右，这一物非牛非羊，又非马非鸡。质子和中子合在一起，既不能称之为质子，也不能称之为中子。

这里讲分合的变化，左右互为阴阳，阴阳相合就不再是阴，不再是阳了。分分合合的变化，可以用八卦来表示。一物可以用一卦来表示，一卦当中蕴含着阴爻和阳爻。阴爻和阳爻的变化，这物就发生了变化。

10. 牛无上齿

【原文】曰："何哉？"曰："羊与牛唯异，羊有齿，牛无齿。而羊之非羊也，牛之非牛也，未可。是不俱有，而或类焉。羊有角、牛有角。牛之而羊也、羊之而牛也，未可。是俱有，而类之不同也。"

【解释】问："为什么呢？"公孙龙讲完马，讲完石头，这下牛和羊也粉墨登场了。

回答："前面讲羊和牛合在一起，羊和牛不同，正如左右不同那样，在于羊有上下牙齿，而牛只有下牙，没有上牙。这个是很大的差异。"如果不是听公孙龙这么一说，我长这么大，连牛有无上牙都不知道。恨不得面前有一头牛，让它张开嘴巴看看。

回答："如果因为羊和牛有牙齿的不同，就说羊非羊，牛非牛，这个是不可以的。虽然有此不同，并不是都有牙齿，但是已经合而为一，还是比较相似的。"鲲变成鹏，虽然有很大的不同，可是并不能说鲲不是鹏变的，不是一个东西。蝴蝶的蛹变成了蝴蝶，虽然一个有翅膀，一个没有翅膀，我们不能说是一个东西。道生万物，虽然羊和牛在牙齿方面有很大的差异，我们并不能说是完全不同的，万物都是一体的。道生成了电子、光子、中微子等粒子，虽然有很大的不同，但是并不能否定万物一体。庄子的《齐物论》中讲的就是统一万物这个事情。万物都归于一了，还愁物理学的大统一理论吗？我们的心被污染了，上面多了尘垢了，我们能说两个心有很大的不同吗？有牙齿就好像是有尘垢，无牙齿就好像是无尘垢，难道本心有很大的不同吗？本心被尘垢遮蔽了，我们就看不出来世人本心相同的了。牛羊牙齿不同，我们就看不出牛羊有类似甚至相同的地方了。

回答："羊有角、牛也有角。如果认为大家都有角，就把牛当成了羊，而把羊当成了牛，这个也是不可以的。虽然都有角，但是还是不同类的。"电子、光子虽然都是粒子，但是不可以把电子当成光子，把光子当成电子。万物在变化的过程当中，不能认为某一个东西相同，就认为它们完全相同的。不能认为某一个东西不同，就认为它们是完全不同的。公孙龙是给我们火眼金睛，看清万物的变化的。

11. 羊牛有角

【原文】 羊牛有角，马无角；马有尾，羊牛无尾。故曰：羊合牛非马也。

【解释】 回答："羊和牛有角，而马无角。马有长长的大尾巴，而羊和牛就没有大尾巴，只有小尾巴。"大道生出万物，为什么这些生灵有这么多的不同？为什么我们的手指有五个，五个都不一样长呢？为什么每一个手指的指纹都不同呢？而且是世界上没有完全相同的一个手指纹。华山有主要五峰，本来为一而分为五。如此我们如何去用大统一理论统一这么多样化的一个世界呢？如果我们能够从变中去看不变，就可以统一物理学了。宇宙也在演变中创造出了四种力的，实则都源于一。

回答："所以说：牛合羊非马。"羊和牛都是有角的，跟马有很大的不同，所以虽然两者合在一起，也不能称之为马的。假如羊和牛百年之后归于尘土，而这些尘土又生成了有血有肉的马。马中有羊，马中有牛，然而，马不能称之为羊，不能称之为牛了。万物都在变化中。

这里说到角，想到一句经典中的话。离世觅菩提，恰是寻兔角。如果离开世上来寻求大道，就好像是在兔子头上去找角一样。

12. 牛羊非马

【原文】 非马者，无马也。无马者，羊不二，牛不二，而羊牛二。是而羊而牛，非马可也。

【解释】 非马者，无马也。牛羊合而为一，这样已经是非牛，非羊，也非马。之所以说非马，是由于其中无马的。

无马者，羊不二，牛不二，而羊牛二。之所以说是无马，是由于并非左右两边都是羊，也就是两个羊；也不是左右两边都是牛，也就是两个牛，而是一边为羊，一边为牛，总共为二。如此也是无马的。一个中子和一个质子结合，不能说是两个中子，也不能说是两个质子，结合在一起就成为一个原子核了。实验中，检测到希格斯玻色子衰变成两个光子，也许希格斯粒子由两个光子构成。两个光子构成希格斯粒子，可是不能称之为两个光子了，而要称之为希格斯粒子了。

是而羊而牛，非马可也。实在是羊和牛二物合成的，仍然是羊牛而并不是马。这个公孙龙前面花了那么多口舌来讲白马非马，这里又讲牛羊非马来了。

万物的变化，有合成有分解，有的变化使得我们都不认识了。我们可以用八卦的卦来表示万物，比如用卦来表示羊，里面由阴爻和阳爻来构成，然而，这个是方便的表示罢了。我们不能称之为阴爻，也不能称之为阳爻，而是要称之为羊。万物都是阴阳和合而生，而生成之后就看不见阴阳了，得道的人可以看到。

13. 左右之分

【原文】若举而以是，犹类之不同。若左右，犹是举。

【解释】若举而以是，犹类之不同。所以，就举牛羊的这个例子来说明万物的合成和分化而变化的。牛羊要说相同，也不相同，在牙齿方面有很大的不同；如果说牛羊不同呢，也不完全对，牛羊的尾巴都比较短小，比较类似，而马就有大尾巴。万物演化出来，有些相同，有些不同。

若左右，犹是举。虽然合在一起，可是却无左右之分。左右本来也是相对观察者而言的。如果离开了观察者也就无左无右，无上无下了。

14. 鸡有三足

【原文】牛羊有毛，鸡有羽。谓鸡足，一。数足，二。二而一，故三。谓牛羊足，一。数足，四。四而一，故五。牛、羊足五，鸡足三。故曰：牛合羊非鸡。非有以非鸡也。

【解释】牛羊有毛，而鸡有羽。公孙龙讲完牛羊，这里又讲鸡了。公孙龙和庄子之间还发生过关于鸡有三只脚的辩论。公孙龙在平原君府上的时候，曾经与孔子的后人进行辩论，辩题是臧三耳，也就是说奴婢有三只耳朵。这次辩论公孙龙胜出，由此可见，公孙龙的诡辩不是浪得虚名的。但是，难道仅仅是诡辩吗？其中必定蕴含着一些真理的。

谓鸡足，一。我们在说鸡脚的时候，这个是一。这个鸡脚是物自体，没有颜色、大小、形状。如果不去观测鸡脚的时候，鸡脚是归于寂静的，没有任何颜色。这在西方哲学里面叫物自体，也就是自在之物。这个概念首先是由康德提出来的。我们去观测白马，只能看到马的影像，可是马的实相是什么，我们无从知晓。这个马的实相也就是物自体。

数足，二。二而一，故三。当我们去数鸡脚的时候，也就是去观测的时候有两只，所以二加一就等于三了。也许公孙龙当年跟庄子辩论的时候，是这么辩论的吧？鸡脚这个在宏观世界，我们数得清楚，但是在微观世界我们就很难了。光具有波粒二象性。我们去观测光的时候，赋予光粒子性，如果不去观测光，光的物自体是如何，爱因斯坦思索了几十年也找不到答案。只有我们去观测光的时候，就有了一个一个的光子。不去观测光，光的实相是无粒子性的。只有我们去观测鸡脚的时候，鸡脚才有一个一个的鸡脚，也就是我们去数的时候，才有一个一个的鸡脚。如果没有去数，就只有一个物自体，没有颜色、大小、边界，这个物自体连鸡脚的名字都没有，这个名字也是人给起的。关于单电子双缝干涉的秘密，也可以用类似的道理来破解的。虽然说是单电子，但是经过双缝之后，有了两个电子云的。这两个电子云是观测的产物，也就是统计概率。两只鸡脚也是观测的产物。两只鸡脚会互相打架，从来不会看到一只鸡脚自己打自己的，只有周伯通有左右手互相搏斗的功夫了。两个电子云也会互相干涉。电子云发生干涉并非互相影响，而是表示出现的概率，在干涉条纹上，电子出现的概率会比较大。关于单电子双缝干涉实验，前面的章节已有详细的解释。

谓牛羊足，一。数足，四。四而一，故五。同样的道理，对于牛羊而言，牛羊的足是一。这个一是牛羊足的物自体，也就是牛羊足的实相。这个实相是没有任何颜色、没有数字概念的。数字说白了也仅仅是存在于人脑当中罢了。当我们去观测牛羊脚的时候，一下子就鲜明起来了，出现了四只脚，这四只脚是有颜色、有大小粗细的了。四加一总共为五。

牛、羊足五，鸡足三。故曰：牛合羊非鸡。牛羊的脚前面已经计算过了共有五只，而鸡脚共有三只。所以牛合羊为一物，就并非鸡了。数字都不相同，如何能够相同呢？牛合羊是一个类别，而鸡是另外一个类别。正如马、牛和羊是一个类别，是君子的类别；而鸡为小人的类别。古人讲鸡鸣狗盗之徒，这是形容小人的。后面也说鸡非正材。公孙龙这么说鸡，感觉挺可怜的，世人还经常吃人家的。

非有以非鸡也。这里说非鸡，只是说类别的不同罢了。讲牛羊马和鸡的类别不同。

15. 马鸡宁马

【原文】与马以鸡，宁马。材不材，其无以类，审矣。举是乱名，是谓狂举。

【解释】与马以鸡，宁马。这里用马来比喻正，而以鸡来比喻乱。鸡，经常和狗扯在一起，鸡鸣狗盗之徒。假如把马跟鸡放在一起，宁可选择马，而不是去选择鸡。公孙龙也许暗喻自己为千里马，而国君却不选择千里马，而选择了鸡。

材不材，其无以类，审矣。马有国用之材，可以用于战事；而鸡为不材，这两者并不是同一类，这是很明显的事情了。

举是乱名，是谓狂举。人君举不材，用的都是鸡鸣狗盗之徒，都是小人，不用君子。这样位就乱了，不能把该用的人用在适当的位置上面去。这可以说是狂乱的举用人才的。

16. 白青非碧

【原文】曰："他辩。"曰："青以白非黄，白以青非碧。"

【解释】又说："请以其他的事物再来进一步辩论说明一下的。"

回答："青和白分开在两处并非黄。青是青，白是白，这个就是青白了。青天是青天，白云是白云，分得很清楚的。"人如果不去看青天的时候，青天也非青；人如果不去看白云，白云也非白。古人讲，九曲黄河本不黄，河水是河水，黄沙是黄沙。如果河流静止了，就不是黄河了。如果心静止了，物欲是物欲，本心是本心，就不被污染了。

回答："白和青分开，也并非碧绿，虽然白和青合在一起就是碧了。但是分开来，并不是碧的。"公孙龙这里讲颜色的变化的。中子和质子构成原子核，中子和质子分开，就不等于原子核了。我们每个人都是由各种物质构成的，其中大部分是水，可是我们并不能说水是人。光子构成许多基本粒子，但是我们并不能说希格斯粒子、中微子等就是光子。

17. 纠缠相邻

【原文】曰："何哉？"曰："青白不相与而相与，反而对也。不相邻而相邻，不害其方也。"

【解释】问："为什么这么说呢？"

回答："青和白不混合在一起，青为青，白为白，称之为不相与。青和白如果相与就为碧。青对应于五行中的木，对应于东方；白对应于五行中的金，对应于西方。东西方互相相反的，所以说相对。"东西方互为阴阳。

回答："东西方各在天边，所以说不相邻。虽然不相邻，可是无东就无西，无西就无东。正如无大就无小，无黑就无白。所以说又是相邻的。"虽然互相纠缠的两个光子分开，各在一方，一个在东，一个在西。其实天涯若比邻的，还是互相纠缠在一起的。互相纠缠的电子也是如此。如果检测到东方的电子为左旋，检测到西方的电子必定为右旋。

18. 东方西方

【原文】不害其方者，反而对，各当其所，若左右不骊。故一于青不可，一于白不可。恶乎其有黄矣哉？黄其正矣，是正举也。其有君臣之于国焉，故强寿矣。

【解释】不害其方者，反而对，各当其所，若左右不骊。东方为东方，西方为西方，互不侵害。虽然是互为阴阳，相反的，相对着的。但是各得其所。把青的放在一边，把白的放在一边，这样是不难的。小葱拌豆腐，青的是青的，白的是白的，要把小葱变豆腐，把豆腐变小葱就难了。三十年河东，三十年河西，东西方风水轮流转的。东方文明和西方文明，虽然不相邻，可是却交融在一起的，也可以说是相邻的。东方西方应该各得其所，不能把东方强行变成西方，把西方强行变成东方。微观世界、宏观世界和宇观世界各得其所。

故一于青不可，一于白不可。所以说，不可以青白合一而称之为青，不可以青白合一称之为白。中子跟质子结合成原子核，不能称之为中子，也不能称之为质子。

恶乎其有黄矣哉？白变成青不可以，青变成白也不可以，怎么能够变成黄呢？君不可以随便变成臣，臣不能随便变成君，如此就乱了。

黄其正矣，是正举也。黄为正色，并非青白二色合成。

其有君臣之于国焉，故强寿矣。假如用白来比喻君，用青来比喻臣，黄来比喻国。君臣各得其正，各得其所。则国强而君万寿无疆。

不管是黄、白、青，都是人去观察外界的一瞬间而产生的，外物的实相是无颜色的。虽然我们用红绿蓝来表示夸克的颜色，然而，夸克并非真的有颜色，而是为了表示方便罢了。

说到颜色，绘画也是如此的。懂得绘画的人，也许只要在纸上勾勒出寥寥几笔，就可以显示出一个人的轮廓了。我们的大脑有个神奇的功能，对于缺失的部分线条信息，会自动的补足。所以说，绘画与其说是本身就很美，不如说是人观察而美。同样地，微观的粒子，也离不开人的观测。

19. 木贼金

【原文】而且青骊乎白，而白不胜也。白足之胜矣，而不胜，是木贼金也。木贼金者碧，碧则非正举矣。

【解释】而且青骊乎白，而白不胜也。前面有讲到，白为君道，而青为臣道。如果青骊于白，就是说权臣弄权，这就杂了君道。君道如果杂了，就不胜了，也就是白不胜了。五官居为臣，心为君主。如五官被物欲牵引，心被遮为文，就看不清物理学了。

白足之胜矣，而不胜，是木贼金也。白为金而青为木。在五行当中，相生相克，金克木，也就是说君克臣的。白本来足以胜青的，而不能胜，这是由于，木贼金，臣贼借君威的。火生于木，就可以克金了。本来火藏于木的，如果君德不足够的话，就发出来了。火生于木，而奸臣生于国，臣就会挡住君道了。公孙龙这里讲变化，其中是相生相克的。一心发出来就有了七情六欲，而七情六欲也是相生相克的。不同的学派也是相生相克的。

木贼金者碧，碧则非正举矣。木贼金，也就是说青遮住白了，也无法完全遮住，而成了碧色。碧色并非正色。如此君道就乱了。物欲遮住心，科学家就难以找到大统一理论，心和物分离了，物理学就乱了。

20. 争而明

【原文】青白不相与而相与，不相胜，则两明也。争而明，其色碧也。

【解释】青白不相与而相与。青白本来是不相与之物，并不能放在一起的，可是却放在一起了。君有君道，臣有臣道，臣道不能阻挡君道，君道不要有碍于臣道。心为君。五官追求物欲而被遮住了。

不相胜，则两明也。可是现在却放在一起了，杂了，就不能相胜了。青把白给污染了，而白并不全部都灭掉，这是青不能胜于白。同样的道理，白也不能胜于青。两种颜色互相章明。

争而明，其色碧也。互相章明，所以颜色就成为碧了。量子理论不能胜过相对论，相对论也不能胜过量子理论，不过可以互相发明。

21. 中正之色

【原文】与其碧，宁黄。黄其马也。其与类乎？

【解释】与其碧，宁黄。如果要在黄和碧中去选，宁可取黄。因为黄为中正之色。

黄其马也。其与类乎？黄为中正之色，马为国用之材，这两者是比较类似的。公孙龙为国之栋梁，为何不选呢？对于黄色色盲的人来讲，看着黄马，变成别的颜色了。对于患了色盲的君主而言，未必就知道真正的人才。

22. 碧其鸡

【原文】碧其鸡也，其与暴乎！

【解释】碧为不正之色，鸡为不材之禽，如此是比较类似的。

古人经常讲：鸡鸣狗盗之徒。这样的小人为臣下，会挡住君道的。如此就会发生暴乱了。

青跟白合在一起，变成了碧，不知道如何去区分了。小人和君子混在一起，也不容易区分开来的。楚庄王不鸣则已，一鸣惊人。引而不发可以区分君子和小人。

23. 君臣争明

【原文】暴则君臣争而两明也。两明者，昏不明，非正举也。

【解释】暴则君臣争而两明也。政治之所以暴乱的原因，是由于君臣争明的。君臣争明，臣就阻碍了君道，而君又阻碍了臣道了。如同青杂于白，如此就只能是变成碧了。君臣争明，上下就混乱了，政令不能明，不能畅通。

两明者，昏不明，非正举也。君臣两个都争明，政令昏暗不明，这并非是正道的。月亮围绕着地球转，地球为君，月亮为臣；地球围绕着太阳转，地球为臣，太阳为君。电子围绕着原子核转，原子核为君，而电子为臣。

在我们一身之中，心为君，而五官为臣，如果五官跟心争明，心就失去其正了。如果五官追求物欲，五官类似于青色，心类似于白色。心被青色所遮蔽，就戴着有色眼镜去看东西，白马也就非马了。

24. 两明道丧

【原文】非正举者，名实无当，骊色章焉，故曰：两明也。两明而道丧，其无有以正焉。

【解释】非正举者，名实无当，骊色章焉。如果非正举，君非君，臣非臣。名实不能相当。实际已经是碧色，名为青、名为白也都不可以。难以做到正色发明的，难以发扬圣王的王道。

故曰：两明也。所以说，君臣两相争明，如青白争明，而互相都不明，而为碧。

两明而道丧。如果两相争明，而就失去了王道，失去了臣道了。不符合大道了。

其无有以正焉。如此一来，名和实不能相当，就不能使得万物各归于正位的。

第十九章 迹 府

1. 名实散乱

【原文】公孙龙，六国时辩士也。疾名实之散乱，因资材之所长，为"守白"之论。假物取譬，以"守白"辩。

【解释】本篇是讲之所以写这部书的缘故，来由和行迹，将这些事情都聚集在一起。有好些经典也是如此的，比如《六祖坛经》第一品也是讲的六祖大师得法的缘由和经过。

公孙龙为战国时著名的辩士。不仅仅是辩士，他是孔子的弟子。是诸子百家中名家的代表人物。

疾名实之散乱。公孙龙由于看到当时名实的散乱，赏罚不由天子，诸侯比周天子大，而权臣又比诸侯大，已经失去圣王的王道。公孙龙哀伤明王不兴，百姓承受疾苦。名和器物反而侵占了实的正位，这几篇文章主要是假借白马、白石等来指物，实则是期望当世明君，对其言论引起重视，从中悟出圣王之道。名是名相，外在的语言文字、数学物理理论和公式等这些都是名相。实，可以说是康德所说的物自体。白马实是无颜色、大小、高矮的。只有人去看白马的时候，马的颜色才一下鲜明起来。君王看都不看白马的话，如何知晓马的白呢？君王不看君子贤臣，如何知晓呢？这里也是借公孙龙的文章来阐明物理学之道。

因资材之所长。万物各有材，圣人可以把不同的材放在不同的位。良木可以做栋梁之材；而细木可以做筷子等。宇宙中各有各的位，月亮围绕着地球转，有条不紊的，各有各的轨道。君有君道，臣有臣道。

为"守白"之论。公孙龙这里讲了白马、白石，这也是讲白；以白来比喻君道，以青来比喻臣道。以白马来论齐物，类似于庄子的《齐物论》。眼睛去看白马的一瞬间，白马的颜色一下子鲜明起来；我们去观测光的实相的一瞬间，光就变成粒子了。白并非什么都没有。太阳光是白光，然而，经过三棱镜就可以分出七色来了。君主为白，然而，并非什么都没有，而是无为而治，兴圣王之道罢了。

假物取譬，以"守白"辩。公孙龙只是借白马、白石来比喻，进行守白的辩论罢了。守白，也是守圣王之道。

2. 亡白马

【原文】谓白马为非马也。白马为非马者，言白所以名色，言马所以名形也；色非形，形非色也。

夫言色则形不当与，言形则色不宜从，今合以为物，非也。

如求白马于厩中，无有，而有骊色之马，然不可以应有白马也。

不可以应有白马，则所求之马亡矣，亡则白马竟非马。

欲推是辩，以正名实，而化天下焉。

【解释】谓白马为非马也。守白的辩论，其中最著名的就是白马非马了。

白马为非马者，言白所以名色，言马所以名形也。之所以说白马非马，是什么意思呢？白是说颜色，为名；而马是说实相。

色非形，形非色也。颜色并非实相；名并非实相。这个是两个事情来的。

夫言色则形不当与。如果说颜色，则实相就不相当了。

言形则色不宜从。如果说实相，则颜色就不相宜了。

今合以为物，非也。现在把白和马的实相合在一起来相提并论，实则白马非马的。人去看白马，马的颜色一下鲜明起来，就有了白马。然而，白马的实相是无颜色的，为物自体。所以说白马非马。

如求白马于厩中，无有。如果在马厩中求白马，实则没有的，白马只是存在于人的心中罢了。在马厩中的白马，只是马的实相罢了，无有任何颜色的。我们要找到实实在在的光子，这个也是没有的。只是由于人去观测，与光的实相发生作用而产生的。找光子就像是找白马，是徒劳的。

而有骊色之马，然不可以应有白马也。而有无色的马，马的实相是无色的，正如光的实相并非粒子，也非波动。所以说不可以实有白马的。

不可以应有白马，则所求之马亡矣，亡则白马竟非马。如果没有白马，那么我们要求的马不是白马吗，却丢失了，去哪里去找白马呢？关键是要去看白马，才有白马的。君主如果不去看白马，如何能够有白马呢？君主如果不去亲近去看贤才，如何有贤臣呢？如果都是带着奸臣的那种青色眼光，已经被蒙蔽了，是看不出白马的。青色加白色是碧色了，看不出白马了，而是碧了。并不是白马不在明君身边，并不是贤臣不在明君身边，而是无有真明君识别罢了，而是奸臣阻碍君道罢了。失去白马了，白马也就不是马了。如果千里马不遇到伯乐，如何能够成为千里马呢？

欲推是辩，以正名实，而化天下焉。公孙龙想以这个辩论，来正天下的名实，使得万物各归其正位，而天下大化。自古有亡羊补牢的故事，如果亡白马了，君主就要去推行王道，白马就出现了。

3. 孔子后人

【原文】龙与孔穿会赵平原君家。穿曰："素闻先生高谊，愿为弟子久，但不取先生以白马为非马耳！请去此术，则穿请为弟子。"

【解释】公孙龙和孔子的后人孔穿在赵国平原君府内见面。孔穿就说道："早就久仰先生的大名了，愿意拜在先生门下当弟子，这个心愿已经很久了。"

孔穿又说道："但是唯独不赞同先生关于白马非马的言论。假如先生能够去掉这个术的话，则孔穿我马上就拜先生为师。"

4. 仲尼所取

【原文】龙曰："先生之言悖。龙之所以为名者，乃以白马之论尔！今使龙去之，则无以教焉。且欲师之者，以智与学不如也。今使龙去之，此先教而后师之也；先教而后师之者，悖。且白马非马，乃仲尼之所取。

【解释】公孙龙听了就说道："先生你说这个话有点有悖常理了。我公孙龙之所以出名，在世上最著名的学问，就是白马之论了。"

公孙龙又说道："假如我把这个学说去掉了，则没有什么东西可以教你的了。"

公孙龙又说道："且如果想要拜一个人为师，当然是智慧和学问不如老师，所以才拜他为师的。现在你却让我把我的学问去掉，这是你先当老师教我，然后再让我当你的老师的。先当老师教我，而后又拜我为师，这个是有悖常理的。"

公孙龙又说道："况且白马非马，这个论旨是你的先人孔子最先提出来的。"公孙龙把自己的学问脉络讲出来了，他是传承了孔门心法的，并不是自己乱来的。

5. 楚人非人

【原文】龙闻楚王张繁弱之弓，载忘归之矢，以射蛟兕于云梦之圃，而丧其弓。左右请求之。王曰："止。楚王遗弓，楚人得之，又何求乎？"仲尼闻之曰："楚王仁义而未遂也。亦曰人亡弓，人得之而已，何必楚？"若此，仲尼异楚人于所谓人。

【解释】公孙龙我曾经听说过楚王张开名字为"繁弱"之弓，搭上了"忘归"之箭，在云梦这个地方射猎蛟龙、野牛等巨兽，可是不小心把弓给弄丢了。随从们请求去把弓给找回来。

楚王说道："不要去找了吧。楚王遗失了弓，楚人得到了，又有何不可呢？不必要去找了。"

孔子听了之后说道："楚王似乎很仁义了，可是还是做得不到家的。其实应该这样讲，人丢失了弓，而人会得到它，何必一定要是楚国人得到呢？"

如此看来，孔子把楚人跟人看成不同的，也就是说楚人非人，白马非马，光子非光。如果讲楚人非人，似乎是骂人一样。但是，孔子讲得很有道理的。如果楚王仅仅是心怀楚人而不是心怀天下，则非楚国人才不能为楚国所用。假使如燕昭王那样，广纳贤才就可以了。如果限定是白马，只有白马来应；如果不限定白马，则天下的千里马都过来了。

6. 孔门心法

【原文】"夫是仲尼异楚人于所谓人，而非龙异白马于所谓马，悖。先生修儒术而非仲尼之所取，欲学而使龙去所教，则虽百龙固不能当前矣。"孔穿无以应焉。

【解释】孔穿你肯定孔子说的楚人非人，却偏偏否定我所说的白马非马，这不是有悖于常理吗？

先生你所修的儒术并非取自于孔子，还想我先去掉我的学问，然后再来跟我学，即使是百倍贤能于我也不能当你的老师呀。孔穿听了以后，不知道如何回答。

如果一定要限定白马来求，所失去的千里马可就多了。如一定限定标准粒子模型来求量子，所失去的量子可就多了。白马仅仅是在人眼中的幻象罢了。人去看白马的实相，白色才一下子鲜明起来了。人去观测光的实相，就有了光子。

公孙龙之学传承了孔门心法。孔子的孙子子思担忧孔子心法失传，而作了《中庸》；孔子的弟子曾子也是传承孔子心法，而作了《大学》。阳明先生传承孔子心法，而一开始受了许多的排挤。孔穿尚且对孔门心法有所误解，更何况是当今的世人呢？

7. 孔子之叶

【原文】公孙龙，赵平原君之客也。孔穿，孔子之叶也。穿与龙会，穿谓龙曰："臣居鲁，侧闻下风，高先生之智，说先生之行，愿受业之日久矣，乃今得见。然所不取先生者，独不取先生之以白马为非马耳。请去白马非马之学，穿请为弟子。"

【解释】公孙龙是赵国平原君的门客；孔穿是孔子的后人。

孔穿拜会公孙龙，孔穿说道："为臣在鲁国的时候，在下久仰先生的名声了，钦佩先生的智慧，欣赏先生的德行，期望拜先生为师已经很久了。直到今日才得以相见。"

孔穿又说道："然而，我唯一不敢苟同的是先生白马非马的学说。请去除白马非马这样的学说，孔穿就恳请当您的弟子了。"

这一段前面已经讲过，只是有细微的不同，也许是记录的不同版本吧。

8. 先教后师

【原文】公孙龙曰："先生之言悖。龙之学，以白马为非马者也。使龙去之，则龙无以教。无以教而乃学于龙也者，悖。且夫欲学于龙者，以智与学焉为不逮也。今教龙去白马非马，是先教而后师之也。先教而后师之，不可。"

【解释】公孙龙听了以后就说道："先生你的话有悖常理的。我的学说，最有名的就是这个白马非马了。假如要我把这个学说去掉，则我就没有什么可以教你的了。"白马非马这个论题里面蕴含着真正的孔门心法的。马只有人去看的时候，白马一瞬间显现出来的。近年来有个博士写了本书《水知道答案》，虽然里面存在着一些纰漏，但是还是有真理存在的。如果我们带着恶念去观察水的结晶体，心和水的实相共同决定了结晶体的形状，是比较丑的；同样的，如果带着善念，结晶体就很美丽。

公孙龙又说道："既然都没有什么好教你了，而却来向我学习，这个是有悖常理的了。"

公孙龙又说道:"且想要拜我为师来学习的,自然是智慧和才学不如我的了。现在你却先要教我去除白马非马这样的学说,是先当了我的老师而又要拜我为师了。你先教我,然后拜我为师,这样是不可以的。"

9. 齐王好士

【原文】先生之所以教龙者,似齐王之谓尹文也。齐王之谓尹文曰:"寡人甚好士,以齐国无士,何也?"尹文曰:"愿闻大王之所谓士者。"齐王无以应。尹文曰:"今有人于此,事君则忠,事亲则孝,交友则信,处乡则顺。有此四行,可谓士乎?"齐王曰:"善!此真吾所谓士也。"尹文曰:"王得此人,肯以为臣乎?"王曰:"所愿而不可得也。"

【解释】孔穿先生你这么教我,就好像是齐王教尹文那样。

齐王曾经对尹文说道:"寡人我非常喜欢贤士,而齐国没有像样的贤士,为什么呢?"

尹文回答道:"我愿意听听大王要找的贤士是怎么样的。"齐王听了却不知道怎么回答。世人往往喜欢骑驴找驴,一味地向外去求,不知道反求诸己。科学家一味地去求大统一理论,却不知道反求诸己,最紧要的就是不能把心物分离,如此分离开来,万世都找不到大统一理论的。即使把大统一理论、量子纠缠的理论都放在跟前了,也不信的。即使是贤士在眼前,也不识得的。

尹文又说道:"假如现在有一个人是这样的,侍奉君主以忠诚;侍奉双亲以孝道;结交朋友讲究诚信;处理乡里人事都很和顺。做到了这四样的人,可以称之为贤士了吗?"

齐王回答道:"是的,这样的人真是我所要找的贤士。"

尹文又说道:"大王如果得到此人,肯让他来当大臣为您效力吗?"

齐王回答道:"这是我的心愿,可是我求不得的。"

10. 辱而不斗

【原文】是时,齐王好勇。于是尹文曰:"使此人广庭大众之中,见侵侮而终不敢斗,王将以为臣乎?"王曰:"钜士也?见侮而不斗,辱也!辱则寡人不以为臣矣。"尹文曰:"唯见辱而不斗,未失其四行也。是人未失其四行,其所以为士也,然而王一以为臣,一不以为臣,则向之所谓士者,乃非士乎?"齐王无以应。

【解释】当时，齐王崇武好勇，于是尹文又说道："假如此人在大庭广众之中，见到别人侮辱他，他却始终不敢出来决斗，大王您还要使用这样的大臣吗？"

大王回答道："这样还算什么士呢？见到别人侮辱自己而不敢争斗，真是羞辱的。受人羞辱而不敢争斗的人，我是不能任用为臣下的。"

尹文又说道："只是被人侮辱而不敢争斗罢了，并没有失去之前说的那四种德行啊。按照刚才您所说的，只要他不失去四种德行，就可以为贤士了。"

尹文又说道："然而，大王您一会说是可以为大臣，一会又说不可以为大臣，那么，请问刚才您所说的可以为贤士的人，难道不是贤士了吗？"齐王听了以后哑口无言了。一个视角只是看到一面，用一个视角否定另一个视角。这是不对的。说光是粒子而否定波动是不对的。同样道理，说光是波而否定粒子性是不对的。肯定量子理论视角而否定相对论视角也是不对的。

11. 赏罚不分

【原文】尹文曰："今有人君，将理其国，人有非则非之。无非则亦非之；有功则赏之，无功则亦赏之。而怨人之不理也，可乎？"齐王曰："不可。"尹文曰："臣窃观下吏之理齐，其方若此矣。"王曰："寡人理国，信若先生之言，人虽不理，寡人不敢怨也。意未至然与？"

【解释】尹文说道："现在有位君主，有意愿去把自己的诸侯国治理好，可是有过失的人，则惩罚他；无过失的人，也惩罚他。有功劳的人，则奖赏他；无功劳的人，也奖赏他。而他还在抱怨国家不好管理，人也不好去管理，如此去做可以吗？"赏罚不明就是前面说的不当了。

齐王回答道："当然不可以的。"

尹文又说道："为臣观察下面的官吏治理齐国，就是按照这个方式来治理的。"

齐王说道："寡人治理国家，假如真像先生所说的是这种情况，人即使管不好，我也不敢有任何怨言的。可是不至于这样吧？"如果不能做到赏罚分明，齐王自知也有自己的过失，没有理由去抱怨了。但是，齐王不相信有这种情况。

12. 赏罚是非

【原文】尹文曰："言之敢无说乎？王之令曰：'杀人者死，伤人者刑。'

人有畏王之令者，见侮而终不敢斗，是全王之令也。而王曰：'见侮而不斗者，辱也。'谓之辱，非之也。无非而王非之，故因除其籍，不以为臣也。不以为臣者，罚之也。此无而王罚之也。且王辱不敢斗者，必荣敢斗者也；荣敢斗者，是而王是之，必以为臣矣。必以为臣者，赏之也。彼无功而王赏之。王之所赏，吏之所诛也；上之所是，而法之所非也。赏罚是非，相与四谬，虽十黄帝，不能理也。"齐王无以应。

【解释】尹文说道："为臣说这个话哪里敢没有任何根据呢？大王的法令有说：'杀人的就要处死，伤人的就要判处刑罚。'人由于敬畏大王的法令，虽然被侮辱而终究不敢违反法令去争斗，这个是维护和遵守大王的法令。"

尹文又说道："而大王却说：'见到别人侮辱自己而不敢争斗，真是羞辱。'如此评价，说是羞辱，这个是大王在否定他的。虽然没有过失而却去否定他，还会因此取消了他做官的资格，不能当大臣了。如果不能做臣子，这就是惩罚他了。这是无有过失而大王却惩罚他了。"

尹文又说道："且大王使得不敢争斗的人为羞辱，必然会使得敢于争斗的人得到荣誉，大王赞赏他，必然让他作臣下。能够给他官做，这个是奖赏他的。这种人没有功劳而得到大王的奖赏。"

尹文又说道："大王所奖赏的，却是官吏所要诛杀的；上位所肯定的，是法令所禁止的。赏罚不分明，是非不分明，出现谬误了。即使是十倍于黄帝那样贤德的明君，也是无法治理好的。"齐王听了不知道如何回答了。

13. 好士之名

【原文】"故龙以子之言有似齐王。子知难白马之非马，不知所以难之说，以此，犹好士之名，而不知察士之类。"

【解释】公孙龙又对孔穿说道："所以我认为你所说的话跟齐王的很相似。"孔穿好孔门学说，却不知真正的孔门心法；齐王好贤德之士，可是却不知道怎么样的人才是贤士。齐王赏罚不分，是非不明，只能使得自己得不到贤能之士的辅佐。世人一直在找物理学的大统一理论，可是放在眼前也不能识别。

公孙龙又说道："先生你只知道非难白马非马这样的学说，可是却不知道为什么要非难。"白马非马这样的学说都是来源于真正的心法，深得孔子的心传。孔穿作为孔门后人，不能识别真正的心法，不是觉得比较可惜吗？中国老祖宗的无上珍宝，我们不够珍惜，却被外国人拿去当珍宝研究，不觉得羞愧吗？

公孙龙又说道："这就好像是，只有好贤士的虚荣美名，可是却不知道如何去观察分辨什么样的人是贤士。"古代有个叶公好龙的故事，看似好龙，可是真的龙出现在面前就恐惧万分了，不能接受了。物理学的大统一理论何尝不是如此呢？

后　记

　　本书的出版，首先感谢中山大学出版社徐劲社长的大力支持，感谢出版社的老师们，特别是钟永源老师。钟编审在出版行业勤勤恳恳耕耘几十年，对传统文化有精深的造诣。由于本书是用传统文化"心学"来破解量子理论迷雾，属于交叉学科，编审加工工作有一定的难度。钟编审既有传统文化的背景，又是理科科班出身，所以能够慧眼识才。书稿在反复的修改和探讨中，钟编审的鼓励与启发给予我莫大的精神动力和创新勇气。本来有疑惑的问题，也慢慢豁然开朗了。

　　实现中华文明伟大复兴的中国梦，首要是复兴传统文化。阳明心学是传统文化的精髓。西方引以为豪的是科学的昌明。他们认为东方的土壤不适合科学的发展。假如我们用东方的传统文化破解了科学发展的瓶颈问题，势必会大大提升我们的文化自信，从而激发广大人民群众自觉学习传统文化的热情。此道为祖先留给后世子孙的法宝，是文化自信的源泉。上可安邦定国，中可悬壶济世，下可格物理学，格量子。

　　近期有幸参加了第二届全国物理学哲学大会。与会老师的报告给予我许多重要的启发。当今正处于第二次量子革命的前夕，由于西方思维方式的缺陷，他们在量子理论方面已经发挥到了极致，也遇见了不可克服的困难。中国的科学家将传统文化和物理学进行融合，已经做出了许多卓越的贡献。其中代表性的人物有赵国求、罗教明和甘永超教授等。特别是罗教明教授的氢原子共振模型的论文给予我很大的信心；赵国求教授的耐心指导给予了许多启发。

　　在撰写本书的过程当中，由于我是"民科"，要与"官科"进行对接和交流是很不容易的。必须要学会用他们研究的术语来交流。在这个过程中，曾多次向罗教明、赵国求、甘永超、王志佳、吴国林和吴继刚等教授请教，他们都给予我热情和耐心的解答。他们不畏权威，勇于创新的精神鼓舞了我。他们让我看到了东方科学复兴的希望。量子理论已经遇见了根本的困难，这是历史赋予我们东方文明千载难逢的机会。可以预见，未来十年，科学的面貌必然会全面更新，东方传统文化将会成为科学的主战场。

霍金曾经感叹，哲学已死。这是苏格拉底和康德伟大哲学传统的堕落。优秀传统文化的复兴，必定会带来真正科学的回归。

本书只是笔者将传统文化与物理学结合起来研究的一种尝试，云云述说，纯属一家之言，不当之处敬请方家批评指正，以便于修订再版时日臻完善。